普通高等教育"十三五"规划教材 精品课程教材

DONGWU
SHENGWUXUE
SHIYAN

动物生物学实验

路纪琪 主编

U0340638

郑州大学出版社

郑州

图书在版编目(CIP)数据

动物生物学实验/路纪琪主编. —郑州:郑州大学出版社,2018.3(2022.1重印)
ISBN 978-7-5645-5114-8

Ⅰ.①动… Ⅱ.①路… Ⅲ.①动物学–实验–高等学校–教材
Ⅳ.①Q95–33

中国版本图书馆 CIP 数据核字(2018)第 008444 号

郑州大学出版社出版发行

郑州市大学路 40 号　　　　　　　邮政编码:450052
出版人:孙保营　　　　　　　　　　发行部电话:0371–66966070
全国新华书店经销
河南文华印务有限公司印制
开本:787 mm×1 092 mm　1/16
印张:8.75
字数:207 千字
版次:2018 年 3 月第 1 版　　　　　印次:2022 年 1 月第 2 次印刷

书号:ISBN 978-7-5645-5114-8　　　定价:25.00 元
本书如有印装质量问题,由本社负责调换

作者名单

主　编　路纪琪

编　委　（以姓氏笔画为序）

　　　　田军东　张书杰　赵林萍

　　　　赵海鹏　路纪琪

内容提要

为满足高等院校动物生物学教学改革需要、构建具有自身特色的动物生物学课程体系而编写《动物生物学实验》一书。在每个实验中,详细介绍了实验目的、实验原理、操作与观察过程、注意事项等。全书根据动物进化的主线安排实验内容,并在每个实验之后给出了作业与思考题。附录部分的内容可供查阅和参考。

本书可作为综合性大学生物科学专业、生物技术专业等相关专业大学生动物生物学实验、动物学实验课程的教材,也可作为野生动物保护与管理人员、实验动物研究者、动物学专业研究生、中学生物学教师等的实用参考书。

作者简介

路纪琪,博士,教授,博士生导师;郑州大学生物多样性与生态学研究所所长;享受国务院政府特殊津贴专家、"新世纪百千万人才工程"国家级人选、河南省学术技术带头人、河南省创新型科技团队负责人、郑州市科技领军人才。

从事动物学、动物生物学教学工作30多年,研究兴趣为动物生态和生物多样性科学,先后承担国家973计划课题、国家自然科学基金项目、郑州市领军人才项目等研究课题;迄今已发表学术论文100余篇、著作8部;培养博士、硕士研究生30余人。主持建立河南省创新型科技团队、河南省高校省级重点实验室培育基地等研究平台。获得河南省师德先进个人、河南省教育奖章、河南省优秀共产党员、河南省优秀博士学位论文指导教师等荣誉。

学术任职有世界自然保护联盟(IUCN)物种生存委员会(SSC)委员、中国灵长类学会副理事长、中国生态学学会动物生态专业委员会副主任委员、中国兽类学会常务理事、中国动物行为学会理事、河南省生态学学会常务理事;国际灵长类学会终身会员;河南省省级自然保护区评审委员会委员、《兽类学报》编委等;曾任中国动物学会理事、河南省动物学会秘书长。

前　言

　　动物生物学是生物技术专业的专业基础课,其课程体系包括理论课、实验课和野外实习等三个环节,三位一体,缺一不可。

　　动物生物学实验是动物生物学建立和发展的重要基础,也是培养学生对动物及其材料观察、解剖、描述、分析的基本能力,以及培养学生敬畏生命、珍惜实验动物、维护动物福利等意识的重要途径。为适应新时期实验课程教学改革的需要,结合作者在长期的实践教学过程中的经验和体会,我们组织相关专家,编写了这本《动物生物学实验》教材。为便于教师根据实际情况灵活安排实验内容,拓展学生的知识面,本书设置了多于正常教学时数的实验内容,供教师选择和学生自学。

　　根据动物生物学教学的要求、性质、任务、要求和学生培养计划,实验内容设置以基础性实验为主,同时设置了一些综合探索性实验。本课程突出动物生物学实验的特点,以基本操作、基本技能和基本理论为依据,以进化上有重要地位门类的代表动物(实验动物)为材料,以实践环节为主,按动物发生、进化的规律、从低等到高等的顺序,从动物整体形态到内部结构、从一般特征到个体差异进行观察。在知识结构上注意将生物学基本原理贯穿于实验过程,旨在建立一个既与理论课有一定互补作用又相对独立的实验课程教学体系,力求在培养学生实验操作技能的同时,提升学生的独立思考、综合分析能力,科学思维能力和创新意识,全面提高学生的综合素质,为学生今后从事生命科学相关领域的教学和科学研究奠定坚实的基础。本书共安排了20个实验,在教学和使用过程中,指导教师可根据实际情况,选择相关内容。

　　本书的编写和内容安排融入了作者从事动物学、动物生物学教学与科学研究30多年的工作积累、经验教训,结合当前动物生物学实验教学改革的需要,同时借鉴了国内外高校动物生物学教学的改革成果,力求反映学科的新进展、新知识和新观点。全书由路纪琪(郑州大学)、张书杰(郑州大学)、田军东(郑州大学)、赵海鹏(河南大学)、赵林萍(郑州大学)编写,由路纪琪统稿。

　　本书与动物生物学、动物生物学野外实习共同构成动物生物学这门课程的系列教材,三者既相互独立又有必然的内在联系。在内容安排上各有其侧重点,又相互补充。为此建议,在使用和学习过程中,对3本书同时参阅,以便能从总体上把握动物生物学的全貌。

本书能够编写完成并付梓出版,得到了郑州大学生命科学学院、郑州大学教务处、郑州大学出版社、郑州大学生物多样性与生态学研究所的大力支持。在此一并表示衷心感谢。

　　我们在书中参考或引用了一些参考文献中的插图,专此致谢。

2017 年 10 月

目　录

实验一　显微镜的使用与基本实验技能

动物生物学实验是生物学学科的大学生进入大学阶段后,最先接触到的基础专业课程之一。大部分学生也是平生第一次亲自动手、操作、使用显微镜等生物学仪器设备。为此安排本实验,旨在使学生了解动物生物学实验课程的教学特点、基本要求、总体安排、课程重点、注意事项等,为后续实验课程的顺利进行奠定基础。

【实验目的】

1. 了解普通光学显微镜的基本结构,掌握显微镜的使用方法。
2. 了解动物生物学实验的常用物品,初步掌握一些基本的实验操作技能。

【实验内容】

1. 双筒光学显微镜的结构、使用与维护。
2. 基本实验操作技能介绍与练习。

【材料及用品】

双筒复式显微镜、载玻片、盖玻片、擦镜纸、吸水纸、解剖器械等。

【操作与观察】

1. 显微镜的基本结构

显微镜的中部有一弯曲的柄,称为镜臂,基部为镜座。从镜箱(或镜柜)中取出显微镜时,须用右手紧握镜臂,左手托住镜座,保持镜体直立,轻放于实验台上,观察其各部分结构。

在镜臂的基部有一个方形或圆形的平台,称为载物台(或称镜台)。载物台的中央有一圆孔,可容光线通过。两侧有压片夹,用以固定玻片标本。现代显微镜的镜台有 X-Y 驱动器,用以固定和移动玻片标本。在圆孔的下方,有由一片或数片透镜所组成的聚光器,其作用是将光线集射于待观察的物体。聚光器附有一组由金属片组成的可变光阑,其侧面伸出一横杆,可通过前后移动使光阑开合,从而调节通过光量的多少。光阑开大则光线较强,适于观察颜色较深的材料;光阑缩小则光线较弱,适于观察较为透明或无色的材料。

在聚光器的下方有反光镜,可将光线反射至聚光器。此反光镜的一面为平面镜,另一面为凹面镜。凹面镜具有较强的反光性,多于光线较弱情况下使用;若自然光线较强,用平面镜即可。有些显微镜配置有内置光源,位于镜座靠后方。内置光源配有可前后移动的按钮,用以调节光线的强弱。

在载物台的圆孔上方,有一附于镜臂上的圆筒称为镜筒,其上、下两端均附有镜头。现代显微镜一般具有两个镜筒,两镜筒之间的距离可根据使用者的眼间距进行适度调节。

镜筒上端有接目镜(或称目镜),并可从镜筒中抽出。目镜有高倍和低倍之分,较长者是低倍镜头,一般放大 5 倍(5 ×)或 6 倍(6 ×);较短的为高倍镜头,一般放大 10 倍(10 ×)、12 倍(12 ×)或 15 倍(15 ×)。

在镜筒下端有可旋转的圆盘称为旋转器,下面附有 2 ~ 4 个接物镜(或称物镜),以螺旋置于旋转器内,转动旋转器可换用不同倍数的物镜。物镜也有高倍和低倍之分,较短的是低倍镜头,一般放大 10 倍(10 ×);较长者为高倍镜头,一般放大 40 倍(40 ×)、45 倍(45 ×)或 60 倍(60 ×)。油物镜放大 90 倍(90 ×)或 100 倍(100 ×)。

在镜臂上有两组螺旋,用以升降镜筒,从而调节聚光器的焦距。大的称粗调焦器,升降速度快,常用于低倍调焦;小的称细调焦器,升降速度慢,多用于高倍调焦。现代显微镜的粗、细调焦器常组合在一起,外周较大者为粗调焦器,内侧较小者为细调焦器。

显微镜的总放大倍数是目镜与物镜放大倍数的乘积。例如,使用 5 ×目镜和 10 ×物镜,则总放大倍数为 50 倍;使用 10 ×目镜和 40 ×物镜,则总放大倍数为 400 倍。

2. 显微镜的使用方法

使镜臂正向或反向朝着观察者(视显微镜的具体结构和型号而定),把显微镜摆放平稳。转动粗调焦器,使镜筒上提。转动旋转器,使低倍物镜对准载物台上的圆孔,二者相距约 2 cm,观察者根据自己的眼间距调节两目镜的间距,两眼对着双筒目镜观察。打开可变光阑,用手转动反光镜,使之正对光源,但不可对着直射的阳光,以免强光灼伤眼睛。当视野(即从目镜内所看到的圆形部分)呈现一片均匀的白色时即可。如为内置光源显微镜,使用时需先打开电源开关,然后调节光线至适宜亮度。

取一玻片标本置于载物台上,用压片夹(或 X-Y 驱动器)固定,并使待观察物正对载物台中央的圆孔。转动粗调焦器,使镜筒下降至低倍物镜距玻片约 5 cm 为度。然后自目镜观察,同时转动粗调焦器,至视野内被观察物清晰时为止。以可变光阑调节光线至适宜强度。

上下、左右轻轻移动玻片标本,注意观察视野内的物体,其物像的移动方向如何? 为什么?

低倍物镜观察之后,可以转至高倍物镜观察。首先,将要详细观察的部分移至视野正中央,提升镜筒或使载物台下降,换高倍物镜。转动细调焦器,从侧面观察,使高倍物镜几乎接触到玻片(约 1 mm)为止。然后,从目镜中观察,同时旋转细调焦器半圈至一圈,即可出现物像(应小心操作,以免物镜压破玻片)。此时,可将光阑开大,调节细调焦器,使物像最清晰时为止。目前的新式显微镜在低倍物镜下调好焦距后,一般均可直接转至高倍物镜观察。注意在高倍物镜下的视野与低倍物镜下的视野有何区别?

使用高倍物镜时,应特别注意:一定要先从低倍物镜开始(如上所述),将待观察的标本置于视野的正中央。并且,在高倍物镜下只能使用细调焦器,而不可使用粗调焦器。同时,应开大光阑。由低倍物镜向高倍物镜的位置转换需多练习几次,以比较熟练地掌握力度和使用方法。

观察完毕之后,必须先把物镜的镜头转开,然后取出玻片标本。每次实验结束后,均应将高、低倍物镜转向前方,不可使物镜正对着聚光器。然后,给显微镜盖上防尘布套(或塑料套),放回镜箱(或镜柜)。

在日常使用过程中,要注意随时保持显微镜各部位的清洁。若镜体部分有灰尘时,须用清洁的软布擦拭。若镜头部分有灰尘时,必须用专用擦镜纸轻轻擦拭干净,切忌用手或其他布、纸等擦拭,以免划伤或损坏镜头。

油物镜的使用:首先,需在高倍物镜(40×)下调节好焦距,将待观察的标本部位移至视野的正中央。然后,转动旋转器移开物镜,在盖玻上视野中央的位置加一滴专用的镜头油,再将油物镜移至该处,使镜头与油滴接触,开大光阑,即可观察到物像。轻微旋转细调焦器至物像清晰时为止。观察结束后,将油物镜移开,将最低倍物镜移至玻片标本上方,切勿将高倍物镜置于此处,以免玷污镜头。然后,用擦镜纸醮镜头清洗液,轻轻擦拭油物镜镜头。请勿用二甲苯等有机溶剂擦拭,以免损坏镜头中的胶合剂。

3. 其他常用显微镜简介

随着制造技术的快速发展和工艺的不断改进,目前所使用的显微镜的种类和型号很多,且各有其不同的用途和使用方法。现就几种常用的显微镜简介如下,如需进一步了解,可查阅相关资料。

(1)实体显微镜　实体显微镜或称立体显微镜(stereo microscope),因可用其观察不透明物体表面的立体结构而得名。这种显微镜具有多种形式的外加光源,也配备镜体内同轴垂直照明,使光线投射到所观察的物体上。有些显微镜还兼具透射光照明器、荧光照明器等其他照明系统,应用范围更广。

(2)暗视野显微镜　暗视野显微镜(darkfield microscope)的外形和结构与普通显微镜一致。最主要的不同在于聚光器。由光源来的光线经过聚光器,使光束经过物体或在物镜前透镜的外边,因此视野是暗的,通过物体本身的光反射和折射的光进入物镜形成亮的像,即标本在暗的背景上呈现出发亮的图像。这种显微镜适于观察具有较大反射率,或折射率不同以及比较透明的细胞、组织切片或装片标本。

(3)相差显微镜　相差显微镜(phase contrast microscope)配备有具环形光阑的相差聚光器、相差物镜和相板。其基本原理是利用折射率的差异形成亮/暗反差。光线经过具环形光阑的聚光器、物体、相差物筒之后,将光束分为两部分,一部分是物体结构的折射光,另一部分是受物体影响的光,二者经过相板干涉形成图像。由于两束光的相移位接近半波长($\lambda/2$),因而可以观察到反差分明的图像。这种显微镜可用于观察较透明的或染色反差小的细胞、组织切片或装片等。

(4)荧光显微镜　荧光显微镜(fluorescence microscope)可通过选择性滤光器高度特异性地鉴定少量的荧光染料,从而显示材料的细微结构。荧光来自特定波长的光辐射作用所激发的、较高能级的电子跃迁所放出的一些具有特定能量的光子(photon)。除少数物质如叶绿素具有固定的荧光(初级荧光)外,大部分生物材料需用荧光染料染色后,才能显示出荧光,称为次级荧光。在组织化学、免疫细胞化学研究中,一般选用荧光染料进行特异性染色,具有很高的敏感性或特异性。

(5)倒置显微镜　　倒置显微镜(inverted microscope)与普通显微镜的组成部分和功能基本一致,只是聚光器倒置于镜台之上,而物镜则位于镜台之下。这种显微镜的工作距离较大,多用于细胞、组织培养等相关研究。

(6)电子显微镜　　电子显微镜(electronic microscope)亦简称电镜,包括扫描电镜(scanning electronic microscope, SEM)和透射电镜(transmission electronic microscope, TEM)。有关电子显微镜的原理、使用与维护可查阅相关文献资料。

4. 基本实验技能简介

(1)动物身体的方位和切面　　以哺乳动物为例,对动物身体的方位和切面名称简介如下:

1)当动物四肢着地时,向着地面的一侧为腹面,相反的一侧为背面。

2)朝向头部的一端为前端,朝向尾部的一端为后端。

3)沿身体前后正中线,将身体垂直地分为左右相等的两半,此为正中矢状切面,与这一切面相平行的任何切面均为矢状切面。

4)与矢状切面相垂直,将身体分成相等或不相等的前、后两部分的切面,即为横切面。

5)从头至尾,将身体分为相等或不相等的背、腹两部分并与矢状面垂直的切面,称为冠状面或额切面。

6)距正中矢状切面较近者为内侧,较远者为外侧。

7)距身体中心较近者为近端,较远者为远端。

8)距体表或器官表面较近者为浅(部),而位于较深部位者为深(部)。

(2)解剖工具及其使用(图1-1)　　在动物生物学实验中,常用的解剖工具及其使用要点简介如下:

1)手术刀　　刀片锋利,可更换,用于切开皮肤和脏器。执刀方法有4种。在使用时不可用力过大过猛,以免损伤所要观察的组织或器官。勿用手术刀切割较硬的结构如骨骼等。

2)解剖刀　　较钝,刀片与刀柄连为一体,用于分离、剥离或切割组织。

3)手术镊　　用于夹持、提起、分离组织或器官。有尖头和钝头2种类型,前者用于精细组织的操作,勿用来提拉坚韧组织或夹持坚硬物体,以免镊尖变形。

4)解剖剪　　用于剪开软组织,2个剪刀一般一尖、一钝,使用时应将钝者置于下方,以免伤及所要观察的结构。勿用来剪坚硬物体。

5)骨剪　　也称骨钳,具有较厚的刃,用于剪断或剪开骨骼。

(3)解剖动物的一般方法　　观察应首先对拟解剖的动物进行观察,分辨其身体的前后、背腹、左右及分区。把解剖对象置于解剖盘中。如为无脊椎动物和小型脊椎动物,一般要用大头针将其固定于蜡盘之上再行解剖,大头针应自外向内约45°插入,使解剖时的操作面扩大,便于观察。

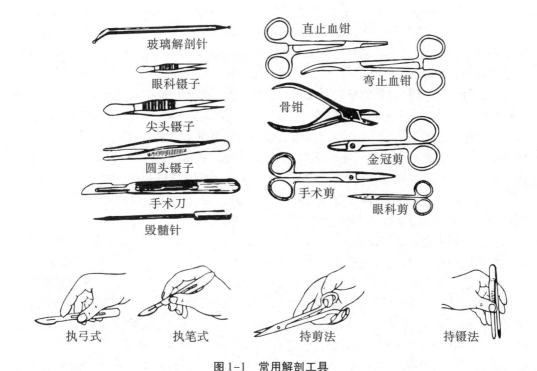

图 1-1　常用解剖工具

　　如果是活体动物,应先对动物进行预处理(麻醉或处死)。在解剖和观察过程中,应尽量保持材料的湿润。解剖小动物时,可在解剖盘中加入适量清水,既可免使标本干燥,又能使内部器官漂浮起来,有利于观察。若短时间内不做观察,可用湿布将标本遮盖或放回固定液中保存。

　　(4)生物绘图　生物绘图是采用图像形式描绘生物外形、结构和行为等特征的一种重要的科学记录方法,是生物学(包括动物学、植物学、微生物学等)研究的一项基本技能。生物绘图的总体要求是,对所描绘的生物对象做深入细致的观察,从科学的角度充分了解生物有关形态结构特征。在此基础上,准确、严谨地绘制。实验者应根据实验指导的要求,绘出所观察到的标本或材料的整体或部分。绘图须以精确为主,并尽量做到大小适宜、比例协调、布局合理、图纸整洁、标注准确。

　　1)生物绘图主要技法

　　● 线　生物绘图对线的要求　线条要均匀;线条边缘圆润光滑,不可毛糙不整;行笔要流畅,不能中途顿促、凝滞。常用线条类型有:①长线,指连贯的线条,主要用于表现物体的外形轮廓、脉纹、皱褶等部位。其操作要点是:在图纸下面垫一塑料板或玻璃台板,使纸面平整,以免造成线条中途停顿或不匀,影响长线连续光滑的效果;用力均匀,能够一笔绘成的线条,力求一气呵成,防止线条顿促不匀;调整图纸角度使运笔时能顺着手势,并由左下角身右上方做较大幅度的运动,这样顺利绘成较长的线条;如果是多段线条连接完成的长线条,需避免线条衔接处错位或首尾衔接粗细不匀。可执笔先稍离开纸面,顺着原来线段末端的方向,以接线的动作,空笔试接几次,待手势动作有了把握之后,再把线段接上。

②短线,指线段短促的线条,主要用于表现细部特征,如网状的脉纹、鳞片、细胞壁、纤毛等。短线虽易于掌握,但往往会造成画面的杂乱。运笔时应用力均匀,至线段结束时再移开笔尖。③曲线,指运笔时随着物体的转折而方向多变、弯曲不直的线条。用于勾画物体的形态轮廓、内部构造、区分各部分的界线,以及表现毛发、脉纹、鳞、爪等。曲线的描绘较为自由,可以根据各种对象的不同形态做相应的变换。其操作原则是:变而不乱——在运用曲线表示结构时,应注意线道数要适宜,不可信手勾画,以免造成画面凌乱。曲而得体——以弯曲的线条描绘物体,要按照所观察对象的结构特点,使每条线的弯曲和运笔方向准确无误。如果画出的曲线弯度不当,则会使画面失真,或可导致科学性错误。粗中有细——生物绘图中的用线,一般要求均匀一致。但在实际操作过程中,根据物体结构的要求也有例外。如表现毛发、褶纹等部分的特征时,就需要根据自然形态,自基部向尖端逐渐细小,这样可避免用线生硬呆板,使物体描绘效果更加逼真。

• 点　在生物绘图中,点主要用来衬托阴影,以表现细腻、光滑、柔软、肥厚、肉质和半透明等物质特点,有时也可用于表现色块和斑块。

生物绘图对点的要求是:点形圆滑光洁——指每个小点必须呈圆形,周边界线清晰不粗糙,切忌出现"钉头鼠尾"或边缘过于凹凸的点。因此,绘图所用铅笔尖应而圆滑,打点时必须垂直上下,不能倾斜打点。排列匀称协调——画阴影时,由明部到暗部要逐渐过渡,即由无到稀疏、再到浓密进行布点,点与点不能重复。常用点的类型有:①粗密点,点粗大而密集,主要用来表现背光、凹陷或色彩浓重的部位,并且粗点一般是伴随紧密的排列而出现的。②细疏点,点细小而稀疏,主要用于表现受光面或色彩较淡的部分。③连续点,点与点之间按照一定的方向、均匀地连接成线即为连续点,主要用于表现物体轮廓和各部分之间的边界线。④自由点,即点与点之间的排列无一定的格式和纹样,操作比较自由。这种点适于表现明暗渐次转变成具有花纹、斑点等的各种物体。

2)生物绘图的一般程序

• 观察　绘图前,需对被描绘的对象做仔细的观察,对其外部形态、内部构造及其各部分的位置关系、相对比例、附属物等有完整的感性认识和总体把握,并选择具有代表性的典型部分起稿。

• 起稿　亦称构图、勾画轮廓。首先,用较软的铅笔(HB型号)轻轻勾勒出需要绘制部的轮廓及各种结构,并不断修改完善。此时要注意图形的放大倍数,并预留出适当的标注位置。

• 定稿　对起稿的草图进行全面的检视和审定,并不断修正或补充,确定无误后,用较硬的铅笔(3H或5H型号)绘成定稿。要求线条平滑、清晰、均匀,点、线分明。给图的标注文字一般采用楷体或仿宋体,并且注字最好置于图的右侧,也可于图的两侧排列;尽可能将上、下对齐,引线要尽量平直,避免交叉。图的名称一般置于图的下方中央位置。实验名称置于绘图纸上方的中央部位。绘图完成后,在右上方标明实验者(绘图者)姓名、班级、日期等。

【作业与思考题】

1.查阅文献,了解生物显微技术的发展动态。

2.动物生物学实验的重点是什么?

3.生物绘图时应注意哪些问题?

实验二　动物的细胞和组织

　　细胞是动物身体结构的基本单元,也是动物生命活动的功能单位;组织是动物身体的解剖与结构的基本层次,由组织进而形成动物的器官、系统并执行不同的生理功能,使动物体成为一个完整的生命系统。

【实验目的】

　　1.掌握细胞的显微结构、亚显微结构及有丝分裂各期的特点。
　　2.掌握动物组织的基本类型及其结构和功能。

【实验内容】

　　1.人口腔上皮细胞的观察;示范动物细胞的有丝分裂切片。
　　2.上皮组织、结缔组织、肌肉组织及神经组织切片的观察。
　　3.马蛔虫卵的有丝分裂、人血涂片、人精液涂片、蛙卵单细胞切片等的观察。

【材料和用品】

　　显微镜、动物细胞及组织装片、载玻片、盖玻片、牙签、0.9% NaCl 溶液、0.1%次甲基蓝溶液、吸水纸等。

【操作与观察】

1.人口腔上皮细胞的观察
　　用牙签的钝端在自己口腔内的颊部轻轻刮一刮(注意不要用力过猛,以免损伤颊部黏膜,引发感染)。将刮下的有黏性的物质薄而均匀地涂于洁净的载玻片上,然后加 1~2滴 0.9%的 NaCl 溶液,加盖玻片,置于显微镜下观察。

　　在低倍镜下观察时,口腔黏膜上皮细胞略呈不甚规则的扁平多边形,透明,常数个连成一片。可见细胞周缘较暗,是为细胞膜,细胞中央有一个近圆形的结构为细胞核,细胞质中含有大小不等的颗粒。将视野略调暗些,有利于观察。

　　在观察时,如果细胞的结构不甚清晰,可用 0.1%的次甲基蓝溶液进行染色。方法是:在盖玻片的一侧加 1~2滴次甲基蓝溶液,在另一侧用吸水纸吸附,则染色液会逐渐布满盖玻片之间。细胞核被染成蓝色,细胞质被染成淡蓝色,细胞界限明显可见。

2.观察动物的基本组织
　　(1)上皮组织　蚯蚓横切片标本示单层柱状上皮(图 2-1)。

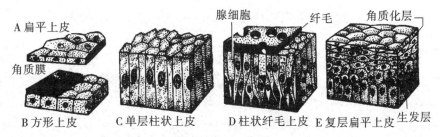

图2-1 上皮组织

（2）结缔组织　鼠尾纵切片标本示致密结缔组织。蛙皮肤切片标本示疏松结缔组织
（图2-2）。

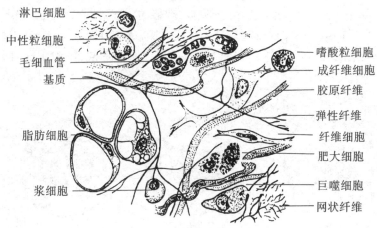

图2-2 疏松结缔组织

（3）肌肉组织　猫骨骼肌、羊心肌、平滑肌的分离装片标本（图2-3）。

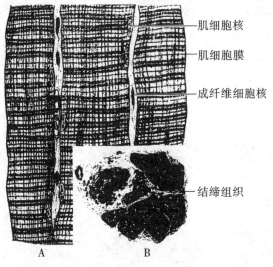

图2-3 肌肉组织（骨骼肌）

A.纵切面 B.横切面

（4）神经组织　家兔的脊髓横切片标本。

3. 示范标本

（1）马蛔虫卵的有丝分裂观察　在低倍镜下可以看到，蛔虫的子宫壁由特殊结构的上皮组成，上皮细胞固着于结缔组织基膜上，形状不规则，如烧瓶状向子宫腔突出，具有圆形的细胞核。子宫腔内充满处于不同发育阶段的卵细胞，根据有丝分裂各期的主要形态结构特点，选择特征典型者进行观察（图2-4）。

1）间期（interphase）　此期细胞核呈网状，核仁明显。

2）前期（prophase）　此期核膜及核仁消失，染色质变成粗大的染色体。

3）中期（metaphase）　此期染色体分布在纺锤体的赤道板上，细胞的两极各有一个中心粒，并由此发出星丝，在2个细胞之间有纺锤丝形成的纺锤体。

4）后期（anaphase）　此期染色体向细胞两端移动，到晚期时，细胞中部出现缢痕。

5）末期（telophase）　此期核膜重新形成，分别包围两组染色体，染色体解螺旋，失去整齐的轮廓，染色质分散于核中，核仁重新出现，新细胞核形成，细胞质同时分为两部分，形成2个新细胞。

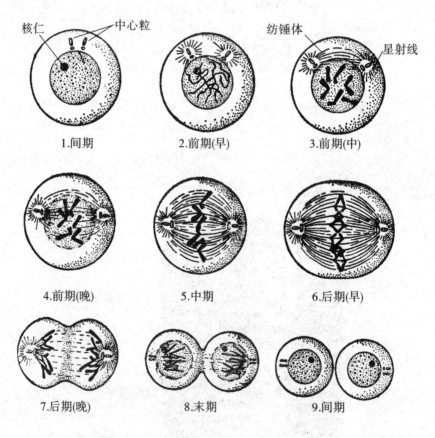

图2-4　细胞有丝分裂

（2）人血涂片观察（图2-5）。

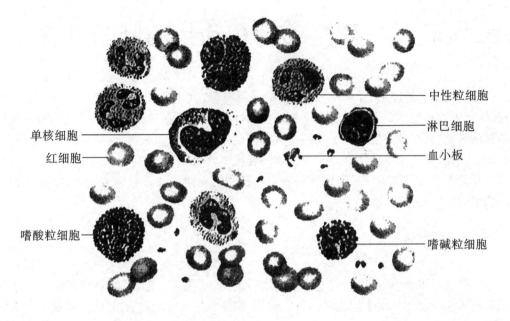

图2-5　人的各种血细胞

（3）观看多媒体图片　动物细胞的电子显微照片,示细胞膜、细胞核（核膜、核仁、染色质丝）、内质网、高尔基体、线粒体、溶酶体、中心粒等及细胞分裂过程。

【作业与思考题】

1.绘2~3个人的口腔上皮细胞,详绘其中一个细胞,并注明各部分的名称。

2.掌握细胞的基本结构及其功能。细胞分裂各期有何特点?

3.掌握动物的四类基本组织的结构特点与主要功能。

4.查阅文献,掌握细胞学说。

实验三 原生动物和动物的胚胎发育

原生动物为最原始、最简单、最低等的动物类群,其主要特征是,身体由单个细胞构成,故原生动物也称单细胞动物。原生动物的每个个体就是一个细胞,但细胞内有特化的各种细胞器,具有维持生命和延续后代所必需的一切功能,如取食、营养、呼吸、排泄和生殖等。因此,每个原生动物都是一个完整的有机体,相当于一个高等动物的整体。

胚胎发育是动物个体发育的重要阶段。动物的成体往往差异极大,但却经历了相同或相似的胚胎发育阶段。

【实验目的】

1. 通过对眼虫、草履虫及其他原生动物的观察,掌握原生动物的主要特征,进一步认识和理解原生动物的单个细胞是一个完整的、能独立生活的动物有机体,并了解一些有经济价值的种类。

2. 通过观察蛙胚胎发育早期的各个时期,掌握多细胞动物胚胎发育早期的主要特征,加深对多细胞动物起源的理解。

【实验内容】

1. 草履虫的活体观察和整体装片标本观察。
2. 原生动物整体装片标本观察。
3. 蛙的胚胎发育早期切片或整体装片标本观察。

【材料和用品】

显微镜、载玻片、盖玻片、吸管、吸水纸、脱脂棉、5% 醋酸溶液、活体动物或水样、切片标本、装片标本等。

【操作与观察】

1. 草履虫的活体观察

(1)可先在载玻片上铺一层极薄的脱脂棉纤维(越薄越好)。随后用吸管取数滴草履虫培养液加于载玻片上,加盖玻片。由于受到棉花纤维的阻碍,草履虫的运动减缓且不易逃逸,便于观察(图3-1)。

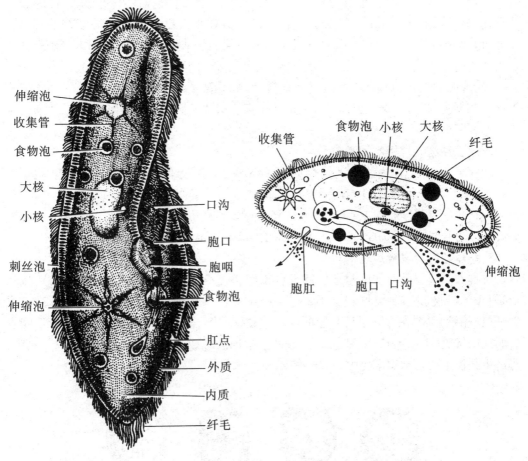

图 3-1 草履虫的结构(左)及食物泡在体内的运行路线(右)

(2)把制好的玻片标本置于普通显微镜下,先用低倍镜观察。草履虫体呈纺锤形,前端钝圆,后端略尖,外观略呈鞋底状。其运动方式是绕身体纵轴而呈螺旋式前进。在虫体近前端处,斜向后凹陷成一沟,称为口沟,在虫体旋转前行时易于看到。

(3)选一清晰虫体,转至高倍镜下观察。草履虫体表为有弹性的表膜,故其身体可产生形变。表膜外覆有一层纤毛,将光线调暗后可见纤毛有节奏、有顺序地摆动,使虫体向前移动。

(4)草履虫的身体可分为内质和外质,外质透明,与体表垂直排列着一层折光性很强的棒状小体,称为刺丝泡,是草履虫的攻击和保卫器官。胞内储有液汁,遇到刺激时,刺丝泡液汁即由体表射出并凝聚成大量细丝。内质中含有许多大小不等、形状略圆的食物泡。口沟的末端即为胞口,下连一较透明的斜行细管,此为胞咽,其内的纤毛黏合而成波动膜。由于纤毛和波动膜的摆动,使悬浮于水中的细菌和微小生物经口沟进入体内,形成食物泡。食物泡体积逐渐增大,最终脱离胞咽,落入内质中。食物泡在体内并非固定不变,而是循着一定的路线移动。新生的食物泡脱离胞咽后移向身体后端,然后由身体的背面

（即与口沟相对的一面）向前移行。在环流的过程中,食物被逐渐消化并吸收,此为细胞内消化,渣滓则由肛点排出。肛点在身体后端,只有在排出食物残渣时方可看见。因此,草履虫营细胞内消化。在体前端和体后端各有一液泡状结构,称为伸缩泡,其周围有数条放射状的管称为收缩管。前后伸缩泡交替收缩与舒张,用以调节身体的水分平衡。

（5）草履虫的细胞核在生活时不易看到,为便于观察,可从盖片边缘加数滴5%醋酸溶液。在弱光线下,可见在虫体中部的内质中有一暗色的椭圆形结构即为大核,小核位于大核的凹陷处,但不易看到。

2. 原生动物装片标本的观察

观察草履虫的整体装片标本。因为整体装片一般经过染色,故纤毛、伸缩泡、胞咽等结构更容易看到。比较装片与活体观察结果,二者有何异同?

观察杜氏利什曼原虫(*Leishmania donovani*)、团藻(*Volvox*)、大变形虫(*Amoeba proteus*)、太阳虫(*Actinophrys sol*)、间日疟原虫(*Plasmodium vivax*)等的整体装片标本。

3. 蛙早期胚胎发育的观察

青蛙和其他脊椎动物的早期胚胎发育都经历受精卵(zygote)、卵裂(cleavage)、囊胚(blastula)、原肠胚(gastrula)、中胚层(mesoderm)、神经胚(neurula)等阶段(图3-2)。取青蛙(或蟾蜍)从受精卵到早期胚胎的切片或整体装片标本,置于显微镜下,观察不同发育时期的细胞、组织形态,掌握青蛙卵裂的方式、原肠形成方式、次生体腔的形成方式等,理解中胚层形成在动物进化中的重要意义。

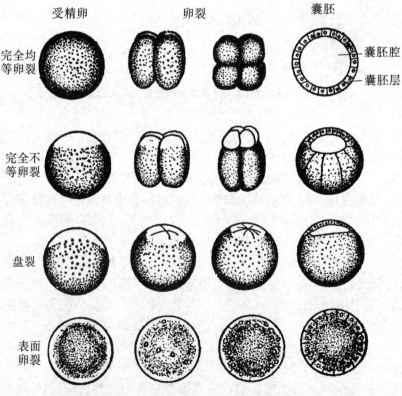

图3-2　多细胞动物的卵裂方式和囊胚形成

4.草履虫的采集与培养

（1）草履虫的形态结构和生命活动充分地展现了原生动物的主要特征,对各种刺激的反应也说明应激性是原生质的普遍特性。草履虫的个体较大,结构典型,观察方便,繁殖快速,易采集培养,是生命科学基础理论研究的理想材料,尤其在细胞生物学、细胞遗传学、生态学研究中具有重要的科学价值和成功的研究案例。生态学中著名的高斯假说（竞争排斥原理）就是基于对几种草履虫的研究而得出的。

（2）草履虫的分布极广,以富含有机质、不流动的水体中较多。但自然环境中草履虫的密度往往不能满足实验观察的需要,故需进行增殖培养。常用的培养液有:①稻草培养液,将稻草剪成长 2 ~ 3 cm 的小段,每 100 mL 水中加入 1 g 稻草,加盖煮沸 30 min,放置 24 h。②麦粒培养液,在 100 mL 自来水中放入麦粒 5 g,煮至麦粒裂开时,放入加盖的容器中,静置 24 h。选取上述任一种培养液,向其中接入采得的草履虫原液,于 23 ~ 27 ℃（25 ℃）培养 1 周后,培养液中的草履虫密度极大,即可用来进行实验观察。草履虫喜栖于微碱性环境,若培养液呈酸性,可用 1% 碳酸氢钠溶液调成微碱性,但 pH 值不能超过 7.5。

【作业与思考题】

1.绘草履虫结构图,并注明各部分的名称。
2.通过对草履虫及其他原生动物的观察,了解原生动物的主要特征。
3.了解原生动物各纲的特点及这些动物在科学研究中的意义和应用价值。
4.简述蛙的胚胎发育过程。

实验四　无体腔动物比较形态学

海绵动物是最低等的多细胞动物,但这类动物属于进化的盲支,故称侧生动物(Parazoa)。腔肠动物是真正的多细胞动物的开始,是动物进化的主干。扁形动物是动物演化过程中最早出现的三胚层动物。这三类动物均无体腔,属于无脊椎动物中的低等类群。

【实验目的】

1. 通过对海绵、水螅及涡虫的形态和结构的观察和比较,掌握动物在进化中从两胚层到三胚层、从无明确的组织到分化出器官和系统等一系列变化。

2. 了解腔肠动物和扁形动物的基本特征和生理学特点。

3. 认识海绵动物门、腔肠动物门及扁形动物门的常见种类,了解它们与人类的关系。掌握各门在动物系统发育中所处的地位。

【实验内容】

1. 观察海绵动物的装片标本及浸泡标本。

2. 观察水螅的活体或整体装片、横切片及纵切片、水螅卵巢装片、水螅精巢装片、水螅出芽整体装片标本;薮枝螅(*Obelia*)的生活史装片标本;薮枝螅、海月水母(*Aurelia aurita*)、海蜇(*Rhopilema*)、海葵(*Sargartia*)及珊瑚等常见腔肠动物的浸泡标本或骨骼标本(珊瑚类)。

3. 观察涡虫的活体或整体装片及横切片标本;日本血吸虫(*Schistosoma japonica*)、布氏姜片虫(*Fasciolopsis buski*)、华支睾吸虫(*Clonorchis sinensis*)、猪带绦虫(*Taenia solium*)等常见扁形动物的装片标本或浸泡标本。

【材料与用品】

显微镜、放大镜、切片标本、解剖器械、培养皿等。

【操作与观察】

1. 海绵动物门的代表动物白枝海绵及浸泡标本观察

海绵动物多为群体,体形多数不对称,无组织分化,体壁由两层细胞组成,无口和消化腔,具有水沟系和领细胞,胚胎发育过程中有"逆转"现象。

2.腔肠动物门的代表动物-水螅切片标本观察

在显微镜下观察水螅的身体结构和细胞分化。水螅的身体体壁由两层细胞即外胚层和内胚层及中胶层组成。体壁之间包围着一个大的空腔即为消化循环腔,也称胃腔。消化循环腔是水螅进行食物消化的场所(图4-1)。

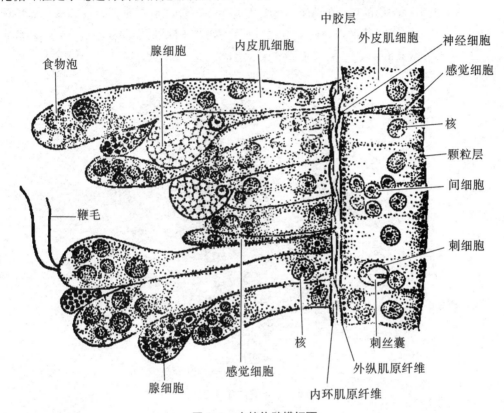

图4-1　水螅体壁横切面

（1）外胚层　由数种细胞组成,最主要的是圆柱形的外皮肌细胞,细胞数目多,外端排列整齐,内端具有纵走的肌原纤维,它的收缩可以使身体及触手伸缩。在外胚层的基部,皮肌细胞之间,有一些密集成堆的小细胞,称为间细胞,体积小,染色均匀,这是一种未分化的细胞,由它可以分化为刺细胞、腺细胞等。外胚层中有许多刺细胞,在光镜下呈粉红色,其核与膜之间有间隙。刺细胞中含有刺囊。腺细胞在外胚层中主要分布于口的周围及基盘处,内有许多细小颗粒,染色均匀。腺细胞可分泌黏液,使水螅附着在其他物体上。此外,在外胚层中还有感觉细胞和神经细胞,但不经特殊染色不易观察。

（2）中胶层　位于内、外胚层之间,是一层极薄、无细胞结构的胶质,由外胚层及内胚层细胞分泌形成。

（3）内胚层　组成内胚层的细胞主要为内皮肌细胞,其内有食物泡,染色深浅不一,细胞核多位于基部。靠近中胶层的一端有环肌纤维,其收缩可使身体及触角变得细长。有些内皮肌细胞的游离端具有鞭毛或伪足。内胚层中也有腺细胞,细胞核位于基部,具有消化食物的作用(图4-2)。

3.水螅的活体观察

将水螅放入小烧杯中,待其完全伸展后,用放大镜观察。水螅体呈圆柱状,下部较细,呈柄状,呈淡褐色。附着外物的一端较粗,称为足盘,游离的一端呈圆锥状突起,称为垂唇。垂唇中央为一圆形的口,周围有一圈细长的触手。数一下有几条? 这种体形属于何种对称方式? 轻触水螅的触手,观察水螅的反应。如有条件,可在烧杯中放入一些活的水蚤,观察水螅的取食活动。

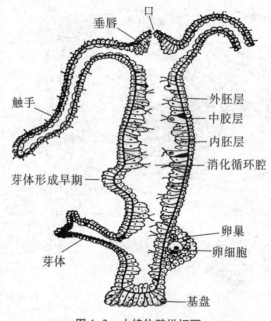

图4-2 水螅体壁纵切面

4.扁形动物门的代表动物-三角涡虫横切片标本观察

(1)首先在切片上区分出涡虫的背、腹面。腹面的表皮细胞有纤毛,在运动中起重要作用。体表为一层柱状上皮细胞,来自外胚层。上皮细胞内散布有许多垂直于体表的杆状体,染色较深。上皮细胞之间有黏液腺细胞分布,在横切片上的两侧较多。上皮细胞下面有一薄层基膜,基膜之下为由中胚层形成的肌肉层,靠外侧者为环肌,内层为纵肌。肌肉层中还有背腹肌和斜肌,由上述结构共同形成皮肌囊(图4-3)。

(2)在切片的中部,有由内胚层形成的消化道,消化道的管壁由单层长柱细胞组成。消化道有许多分支,在消化道和皮肌囊之间充满了间质,间质细胞相互连接成疏松的网状,网内充满液体及游离的变形细胞,又称吞噬细胞。变形细胞的细胞质较少,核大而圆,染色较浅,核仁清楚。

(3)在观察咽部的横切片标本时,还可看到位于切片中央、咽鞘中的肌肉质咽及口(图4-4)。

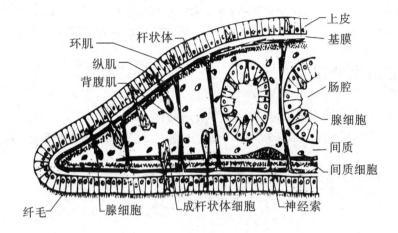

图4-3　涡虫的横切面

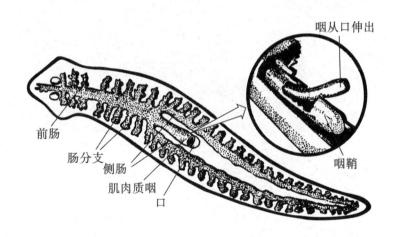

图4-4　涡虫的消化系统

5. 涡虫的活体观察

涡虫生活于洁净、流动的淡水水体中,畏光,多隐伏于石块下,肉食性。观察培养皿中的涡虫,注意其体形的对称方式。这种对称方式在进化上有何意义? 观察涡虫背侧的体色,与栖息环境有何关系? 给以轻微刺激,涡虫有何反应? 当涡虫取食时,用毛笔突然将其腹面翻过来,即可看到白色管状的咽。

6. 水螅装片标本及常见动物观察

(1)水螅卵巢装片、水螅精巢、水螅出芽整体装片标本;薮枝螅(*Obelia*)的生活史装片标本;薮枝螅、海月水母(*Aurelia aurita*)、海蜇(*Rhopilema*)、海葵(*Sargartia*)及珊瑚等常见腔肠动物的浸泡标本;珊瑚的骨骼标本。

（2）日本血吸虫（*Schistosoma japonica*）、布氏姜片虫（*Fasciolopsis buski*）、华支睾吸虫（*Clonorchis sinensis*）、猪带绦虫（*Taenia solium*）等常见扁形动物的装片标本及浸泡标本。

【作业与思考题】

1. 绘水螅或涡虫横切面图，并注明各部分的名称。
2. 如何理解海绵动物在动物演化上是一个侧支，而腔肠动物才是真正的后生动物的开始？
3. 扁形动物较腔肠动物高等的特征主要体现在哪些方面？
4. 动物胚胎发育过程中的原肠形成方式有哪些？何谓"逆转"？

实验五　假体腔动物

假体腔(pseudocoelom)又名原体腔(protocoelom),从胚胎期的囊胚腔(blastocoel)发育而来,与高等动物的真体腔不同。假体腔内充满体腔液或有一些间质细胞的胶状物。假体腔仅在体壁上有中胚层来源的组织构造,在肠壁外则无中胚层分化的结构,没有体腔膜(peritoneum)。假体腔动物包括形态并不很相似、亲缘关系尚不清楚的一些类群,包括腹毛动物门、轮形动物门、动吻动物门、线虫动物门、线形动物门、棘头动物门及内肛动物门7个独立的门。盖因其均具假体腔,故合称为假体腔动物。

【实验目的】

1.掌握线虫动物(假体腔动物)的基本特征及其与生活环境的关系。
2.了解本类群重要代表动物之间的形态区别及其与人类的关系。

【实验内容】

1.蛔虫的外部形态观察。
2.蛔虫的内部解剖与观察。
3.蛔虫横切片标本观察。
4.蛲虫(*Enterobius vermicularis*)、十二指肠钩虫(*Ancylostoma duodenale*)、铁线虫(*Gordius aquaticus*)等常见假体腔动物的观察。

【材料与用品】

显微镜、放大镜、大头针、解剖器械、解剖盘、切片标本、蛔虫浸泡标本等。

【操作与观察】

1.蛔虫的外部形态观察(图5-1)

选择人蛔虫(*Ascaris lumbricoides*)或猪蛔虫(*A. suum*)用于实验。

蛔虫的身体前端钝圆,后端较尖,雄虫末端向腹面弯曲,常由泄殖腔孔中伸出2根交接刺(或称交合刺)。雌虫较粗大,后端不弯曲,肛门开口于腹面近体末端,生殖孔开口于体前端约1/3处的腹面,不与肛门相通。体表的角质膜上有许多细的横纹。身体前端中央为口,口的背侧有1个背唇,腹侧有2个腹唇,背唇上有2个、腹唇上各有1个乳突,腹面前端近腹唇处有1个排泄孔。

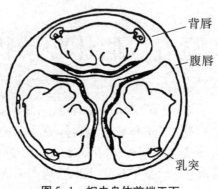

图 5-1　蛔虫身体前端正面

2. 蛔虫的内部解剖与观察(图 5-2)

将蛔虫背面向上置于蜡盘中,从身体背面略偏背中线将蛔虫剪开。用镊子分开两侧的体壁,再以大头针将蛔虫固定于解剖盘中的蜡盘上,加少量清水,以便观察。

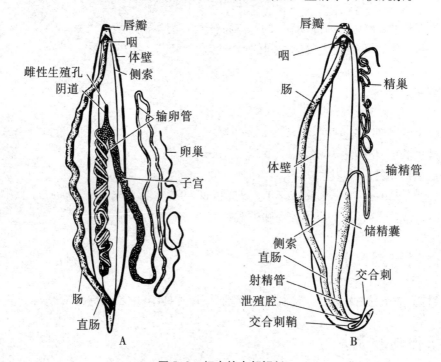

图 5-2　蛔虫的内部解剖

A. 雌　B. 雄

　　(1)体线　在蛔虫身体背、腹面的正中分别有 1 条背线和腹线,两侧各有 1 条侧线,从外部也可分辨出背、腹、侧线所在的位置。

　　(2)消化系统　位于虫体内部的中央,色淡黄,是由口、咽、肠、直肠及肛门组成的长管状结构。

　　(3)排泄系统　排泄管 2 条,分别位于侧线中。

（4）生殖系统　蛔虫为雌雄异体的假体腔动物。

1）雄性　体中部近前端有一细长、弯曲的管状结构，即为精巢，它由较短的输精管与较粗大的管状储精囊相通。储精囊连接细而直的射精管，末端与肛门共同开口于泄殖腔中。交合刺即由此伸出。

2）雌性　在假体腔内有一团曲折盘绕的细管即为生殖管。用解剖针仔细清理可见它们是 2 条平行的细管，一端游离而另一端渐粗，最终合并，开口于体前端的雌性生殖孔。根据粗细，可将生殖管大致分为 3 个部分。

● 卵巢　在游离端，管径细。
● 输卵管　在中段，管径略粗。
● 子宫　为后段并沿身体前行，略膨大，2 个子宫汇合以一短而细的阴道通至雌性生殖孔。

3. 横切面切片标本观察（图 5-3）

蛔虫的体壁由外胚层的上皮和中胚层的肌肉组成。

分别观察雌、雄蛔虫的横切片标本，比较二者内部结构的异同。

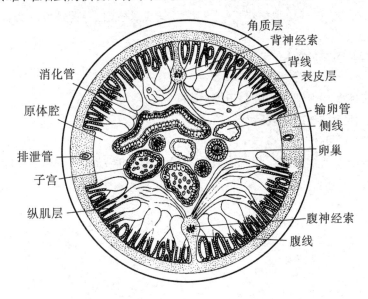

图 5-3　蛔虫的横切面（雌）

（1）角质层　体表最外层的非细胞结构的膜，即为角质膜。

（2）表皮层　位于角质层内侧，细胞界限不分明，故称为合胞体。仅可见颗粒状的细胞核及纵行纤维。

（3）体线　上皮在背、腹、左、右分别加厚向内突出，形成 4 条纵行的索即背索、腹索和侧索。背、腹索的内侧膨大呈圆形，分别内含背神经及腹神经，后者比前者粗，借此可区分蛔虫的背、腹索和身体的背、腹面。侧索之内，可见到细小而中空的排泄管。

（4）肌肉层　较厚，被 4 条体线分隔成 4 个部分，每一部分由许多纵行的肌细胞组成。每个纵行肌细胞分成两部分：①收缩部，位于基部，含有横行肌纤维，富有弹性，能收缩；②原生质部，位于端部，含有原生质和细胞核。

（5）肠　为体腔中央一扁形的管道，由单层柱状上皮细胞组成。肠中央的空隙为肠腔。

（6）原体腔　即假体腔，为肠与体壁之间的空腔。其中充满体腔液。无体腔膜。假体腔来自胚胎期的囊胚腔。

（7）卵巢、输卵管和子宫　在肠道的腹面可看到：①实心的卵巢，内有卵原细胞；②较粗的、中空管状的输卵管，管腔细，管腔最外层为纵肌层，其内为高柱状的上皮细胞；③含有许多卵细胞的、1 对粗大的子宫，管壁上皮细胞为方形。可根据子宫所在的一侧为腹面来判断蛔虫身体的背面和腹面。

（8）精巢、输精管和储精囊　在体腔可见形似车轮的精巢，中心称为轴，周围有辐射状排列的精原细胞。输精管较粗，呈圆形，轴已消失。储精囊更粗，亦呈圆形，有明显的空腔，内含有条形的精子。

4. 其他常见假体腔动物的观察

根据实际情况，可选择观察蛲虫、十二指肠钩虫、铁线虫等假体腔动物的浸泡标本。

【作业与思考题】

1. 绘蛔虫的横切面图，并注明各种结构的名称。
2. 总结假体腔动物的主要特征。
3. 理解假体腔的概念。
4. 假体腔是如何形成的？与无体腔动物相比，假体腔动物在结构上有哪些进步之处？

实验六　环节动物

在动物进化的历史上,环节动物发展到了一个较高的阶段,是高等无脊椎动物的开始。环节动物体外有由表皮细胞分泌的角质膜,体壁有一外环肌层和一内纵肌层。具有真体腔,神经系统为链状,排泄器官为后肾管型;以疣足或刚毛作为运动器官。

【实验目的】

1. 掌握环节动物在动物演化上的意义。
2. 了解环节动物的基本特征及其与生活环境的关系。
3. 认识环节动物的常见种类。

【实验内容】

1. 蚯蚓的外部形态观察。
2. 蚯蚓的内部解剖与观察。
3. 蚯蚓的切片标本观察。
4. 观察环节动物的常见种类。

【材料与用品】

显微镜、放大镜、大头针、解剖器械、解剖盘、切片标本、蚯蚓的浸泡标本、模型等。

【操作与观察】

1. 蚯蚓的外部形态观察(图6-1)

观察蚯蚓的头、尾端和前、腹面。背面颜色较深,腹面色浅而富有光泽。头端微膨大,尾端细而圆。在前端有口,有口的一节为围口节,围口节上面有小的突出皱褶,即口前叶,有钻掘泥沙的作用。尾端有肛孔。除第一节和最后一节外,蚯蚓的其余每一体节的外部结构都是相同的,此为同律分节。口前叶及围口节构成头部,最后的体节称为肛节。

(1)环带和生殖孔　身体前部第14～16节的体表变厚成为环带或称生殖带。生殖带处的腺体能分泌黏液,特别在生殖季节能分泌黏液形成卵袋。生殖带腹面最前一节(第14节)的正中有一小孔,即雌性生殖孔。第18节腹面有1对乳头状突起,每个突起的顶端有小孔,此为雄性生殖孔,在受精时由此孔向异体输送精子。在腹面第6～7,7～8,8～9体节之间各有1对裂缝状开口,此为受精囊孔,用来接受异体输送的精子,并经此孔将精子送入卵袋中。

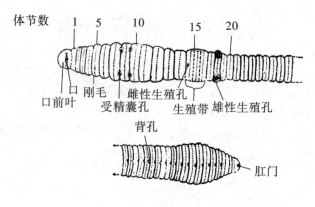

图 6-1　蚯蚓的外形特征

（2）背孔　第 12 体节之后，身体背面中线两体节之间的小孔为背孔。背孔数目不等，与体腔相通，体腔液可通过背孔排出润泽皮肤，使皮肤能正常地完成呼吸功能。

用手指自后向前轻轻触摸蚯蚓的体壁，有何感觉？用放大镜观察各体节的中间部分，为一圈刚毛，此为环毛蚓的特征之一。

2. 蚯蚓的内部解剖与观察（图 6-2～图 6-5）

使蚯蚓身体的背面向上，沿背中线，用剪刀自后向前将体壁剪开。操作时剪口应稍向上提起，以免损伤内部器官。剖开后用镊子将与体壁相连的隔膜（两体节之间）小心分开，再将体壁左、右分开，用大头针将动物固定于解剖盘中的蜡盘上，加少量清水，以浸没动物为宜。然后进行观察。

（1）消化系统　在蚯蚓的体腔内，有 1 条显著的粗管即为消化管，其前端起于口，口后的囊形小腔即为口腔，口腔之后为一膨大而呈梨形的肌肉质咽，咽部的四周有大量肌纤维连至体壁，肌肉的运动可以增强咽部抽吸食物的能力。咽后为一细而短的食管，连以 1 个不明显的嗉囊，嗉囊为存储食物的结构。嗉囊之后为一较大的肌肉性的砂囊（其后有 2 对形状不规则的白色物遮盖住消化道，这是生殖系统的储精囊）。砂囊之后是胃，再后稍粗大的部分为肠。于第 26 体节处，肠两侧有 1 对圆锥状突起伸出可达第 22 体节处，此为盲肠，体末一段较细部分为直肠，末端的开口为肛门。

（2）循环系统　在整个消化管背侧有 1 条黑色的管状结构，是为背血管。掀起体后部的消化道，可见肠腹面有 1 条较背血管为细的腹血管。在近体前端的第 7，9，12，13 体节处，共有 4 对较粗的血管围绕消化道，并连接背血管和腹血管，此称动脉球（又称心脏）。

（3）生殖系统　用镊子仔细分离由咽至肠的一段消化道，并以剪刀剪去，以便观察生殖系统。在蚯蚓身体前部的第 11 和第 12 体节，围绕消化道两侧，有 2 对大的白色结构，此为储精囊，精子在此形成。在储精囊下方有 2 对白色小囊，精巢即位于其中，精子在此形成。输精管为极细的白色管状构造，自储精囊伸出，沿腹神经索两侧后行，至第 18 体节时，以雄性生殖孔通至体外。

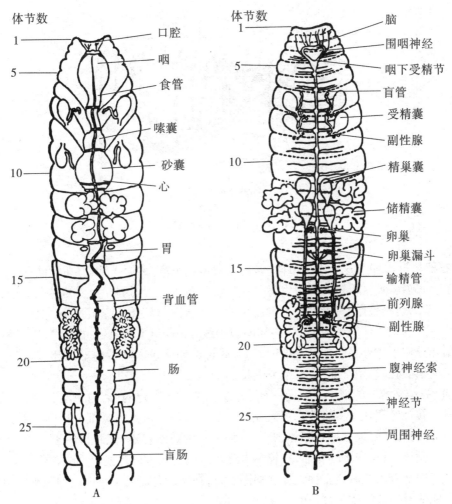

图 6-2　蚯蚓的内部解剖

A. 前面　B. 后面

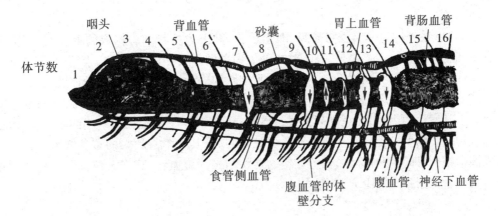

图 6-3　蚯蚓的循环系统

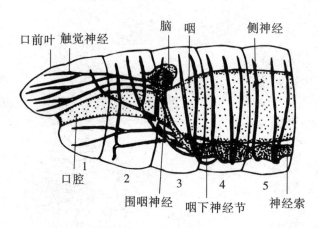

图 6-4　蚯蚓的神经系统

在第 7、第 8、第 9 这 3 个体节内,各有 1 对白色小囊,称为受精囊,在此储存来自异体的精子。每囊各具一较短的曲折盲管。受精囊开口于腹面两侧即为受精囊孔。小心地将第 13 体节的前隔膜掀起,可见有 1 对极小的白色结构,即为卵巢,其下有 1 对较细而短的输卵管,穿过第 13 体节的后隔膜,斜伸向腹中线,在第 14 体节中央汇合,呈"V"形,以雌性生殖孔开口于体外。卵在卵巢内形成后,通过输卵管进入环带内形成卵袋。当卵袋前移通过受精囊孔时,精子即逸出,使卵受精。

(4)神经系统　将消化道拨向一侧,可以看见一条纵行的、灰白色链状结构,即为腹神经索。腹神经索在每一体节都膨大成神经节。将消化道从盲囊部分剪断,用镊子夹住前半段的断头,轻轻提起直到咽部,然后再将消化道剪断移走,使腹神经索暴露。沿腹神经索向前剥离,可见在咽的底面,腹神经索终止于一个较大的神经节,此为咽下神经节,咽下神经节向前分出左右 2 支神经环绕咽部上行,在咽的背面与 1 对白色的脑神经节相连。

3.蚯蚓横切片标本观察(图 6-5)

取蚯蚓的横切片标本(第 22 体节之后),先用放大镜观察,辨认出体壁、体腔与肠等。肠壁背侧中央下陷,陷入的部分称为盲道。按其位置和大小绘一轮廓图,然后转至显微镜下,继续观察。

(1)体壁最外侧为一层透明薄膜,即角质膜,其下为柱状细胞构成的上皮,其间夹有许多单细胞黏液腺。上皮之下为肌肉层,外侧为薄的环肌,内侧为纵肌,较发达,其纤维与环肌有何不同?紧贴纵肌之下为一层由扁平细胞构成的体腔上皮,称为肠体腔膜。

(2)体腔中央为肠,根据盲道所在的位置,可分出横切面的背、腹面。肠壁有发达的环肌和不甚发达的纵肌,注意排列方式与体壁有何不同。肠内层为其纤毛的肠上皮,由单层细胞构成。肠壁外也有一层体腔膜称为脏体腔膜,其上附有较大的黄色细胞。在肠下有椭圆形结构,即为腹神经索,其上方粗的管状结构为腹血管,其下方较细者为神经下血管。背血管位于盲道的上方,较粗大。

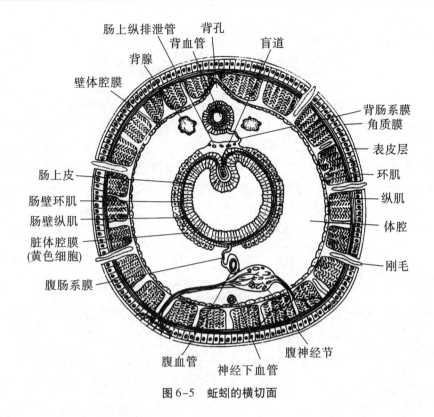

图 6-5　蚯蚓的横切面

4. 其他常见环节动物的观察。

根据实际情况,可选择观察蛭(蚂蟥)的浸泡标本或横切片。

【作业与思考题】

1. 绘蚯蚓横切面图,并注明各部分的名称。

2. 比较环节动物各纲的主要异同。

3. 如何理解环节动物是高等无脊椎动物的开始?

4. 次生体腔(真体腔)和中胚层的出现在动物演化上有何重要意义?

5. 后肾管与原肾管排泄系统有何不同? 其适应性意义是什么?

实验七　软体动物

　　软体动物是三胚层、两侧对称、具有真体腔的无脊椎动物。软体动物在形态上变化很大，但在结构上均可分为头、足、内脏团及外套膜等4部分。头位于身体的前端，足一般位于头后、身体腹面，是由体壁伸出的一个肌肉质的运动器官；内脏团位于身体背面，是由柔软的体壁包围着的内脏器官；外套膜是由身体背部的体壁延伸下垂而形成的1个或1对膜结构。外套膜与内脏囊之间的空腔即为外套腔。由外套膜向体表分泌碳酸钙，形成1个或2个贝壳包围身体，少数种类的贝壳被体壁包围或退化消失。

【实验目的】

　　1.通过对河蚌外形及内部解剖的观察，了解软体动物的一般特征。
　　2.了解软体动物在动物进化中的地位。
　　3.认识一些重要的经济种类。

【实验内容】

　　1.河蚌的外部形态观察。
　　2.河蚌的内部解剖与观察。
　　3.常见软体动物观察。

【材料与用品】

　　显微镜、放大镜、大头针、解剖器械、活体动物、浸泡标本、软体动物贝壳标本等。

【操作与观察】

1.河蚌的外部形态观察（图7-1）
　　河蚌体外具2片石灰质壳，等大，近椭圆形，钝圆的一端是前端，后端稍尖削，两壳相铰合的一面为背面，分离的一面为腹面。①壳顶：壳的背侧隆起的部分；②生长线：壳表面以壳顶为中心而与壳的腹面边缘相平行的弧线；③韧带：为连接左右两壳背侧的有弹性的角质关联部分。

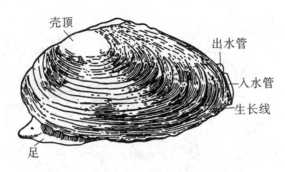

图 7-1　河蚌的外形

2. 河蚌的内部解剖与观察（图 7-2 ~ 图 7-4）

（1）河蚌的肌痕及套膜痕　将河蚌的腹缘向着观察者,使左壳向上,以解剖刀沿左壳内缘插入,于前、后端近背缘处切断闭壳肌。随后用刀柄或镊子小心地将套膜边缘与左壳分离,即可分开左右两壳,将左壳去掉。可见壳内面的各肌痕及套膜痕。随后进行如下观察。

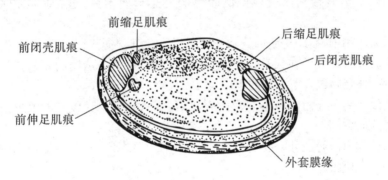

图 7-2　河蚌的右壳

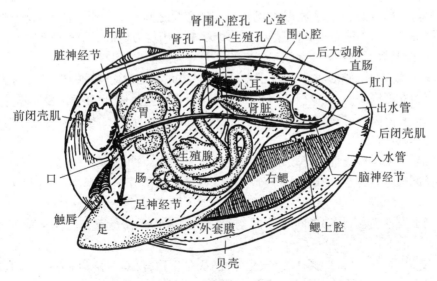

图 7-3　河蚌的内部解剖

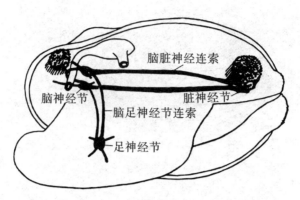

图 7-4　河蚌的神经系统模式图

1）闭壳肌　在身体的前、后端各有一大束的肌肉,即为前闭壳肌和后闭壳肌,在贝壳内面有横断面痕迹。

2）伸足肌　为紧接前闭壳肌内侧腹侧的一小形肌肉束,可在贝壳内面见其断面痕迹。

3）缩足肌　为前、后闭壳肌内侧背侧的小形肌肉束,在贝壳内面可见其断面痕迹。

4）外套膜和外套腔　在柔软体部的左、右两侧各有一半透明的膜状构造,称为外套膜;由左、右两外套膜包合所形成的空腔,称为外套腔。

5）外套线　为贝壳内面跨于前后闭壳肌痕之间,靠近贝壳腹缘的弧形痕迹,是外套膜边缘附着的地方。

6）进水管与出水管　外套膜的后缘部分合抱形成的 2 个管状构造,在腹侧的为入水管,在背侧者为出水管。

7）足　为河蚌的运动器官,位于两外套膜之间,外形呈斧状,富有肌肉。

（2）呼吸系统

1）鳃瓣　将外套膜向背侧掀起,可见足与外套膜之间有 2 个瓣状的鳃,是为鳃瓣:靠近外套膜的一片为外鳃瓣;靠近足的一片为内鳃瓣。用剪刀剪取一小片鳃瓣,置于显微镜下观察,注意其表面是否有纤毛摆动？这些纤毛对河蚌的生活起什么作用？

2）鳃小瓣　每一鳃瓣由 2 片鳃小瓣合成,外方的为外鳃小瓣,内侧的为内鳃小瓣。内外鳃小瓣在腹缘及前、后缘彼此相连,中间有瓣间隔把它们彼此分开。瓣间隔为连接两鳃小瓣的垂直隔膜,它把鳃小瓣之间的空腔分隔成许多鳃水管。将外鳃瓣的外鳃小瓣沿背缘剪开,即可看到。

3）鳃丝　鳃小瓣上许多背腹纵走的细丝,即为鳃丝。

4）丝间隔　是鳃丝间相连的部分。其间不相连的部分形成鳃小孔,水由此进入鳃水管。

5）鳃上腔　为鳃小瓣之间背侧的空腔,水由鳃水管流经鳃上腔向后流至出水管排出。

（3）循环系统　河蚌的真体腔(次生体腔)极不发达,仅围心腔、生殖腺和排泄器官的内腔处有残留。初生体腔则存在于各组织器官的间隙,内有血液流动,形成血窦。

1)围心腔　在内脏团背侧,贝壳铰合部附近有一透明的围心膜,其内的腔隙即为围心腔。

2)心脏　位于围心腔内,由1心室、2心耳组成。心室:为1个长圆形富有肌肉的囊,能收缩,其中有直肠贯穿。心耳:在心室下方左右侧各1个,为三角形的薄壁囊,也能收缩。

3)动脉干　由心室向前及向后发出的血管,沿肠的背侧向前直走者为前大动脉;沿直肠腹侧向后走者为后大动脉。

(4)排泄系统　河蚌的排泄系统包括肾脏和围心腔腺。

1)肾脏　1对,位于围心腔腹面左右两侧,由肾体及膀胱构成。沿着鳃的上缘剪除外套膜及鳃,即可见到。

• 肾体　紧贴于鳃上腔上方,肾脏的腹侧,呈黑褐色,海绵状,其前端有管,以内肾孔开口于围心腔前部腹面,可用解剖镊通探,察看其开口。

• 膀胱　位于肾体的背侧,管壁薄,末端有排泄孔开口于内鳃瓣的鳃上腔。

2)围心腔腺　位于围心腔前端两侧,分支状,略呈赤褐色。

(5)生殖系统　河蚌为雌雄异体,生殖腺均位于足的基部内脏团中。以解剖刀除去内脏团的外表组织,注意不要伤及前闭壳肌下方部分(脑神经节的位置),可见白色的腺体(精巢)或黄色的腺体(卵巢),即为生殖腺。左右两侧生殖腺各以生殖孔开口于排泄孔的前下方。生殖腺中盘曲的管状结构即为肠。

(6)消化系统　河蚌的消化系统由消化道和消化腺组成。

消化道包括下列部分:

1)口　位于前闭壳肌腹侧,口两侧各有2片触唇。

2)食管　为口后的短管。

3)胃　为食道后的膨大部分。

4)肝脏　在胃的周围,为淡黄色腺体。

5)肠　接于胃后,盘曲后折向背面。试以小剪刀小心剖开,找出其走向。

6)直肠　位于内脏团背侧,从心室中央穿过,最后以肛门开口于后闭壳肌背侧的出水管。

(7)神经系统　河蚌的神经系统不发达,由3对分散的神经节组成,其间有神经索相连。

1)脑神经节　位于食管两侧。在前闭壳肌下方轻轻剥离,可见一浅黄色较小的脑神经节。

2)脏神经节　1对,位于后闭壳肌腹面中央,如蝶状,通过很细的脑脏神经连索与脑神经节相连。

3)足神经节　1对,埋于足前缘中部肌肉中,通过很细的脑足神经连索与脑神经节相连。

3. 软体动物门的重要种类及常见种类观察

根据实际情况,可组织学生参观教学或科研标本室,或往年野外实习活动所积累的软体动物标本。

【作业与思考题】

1. 绘河蚌的解剖图（去左壳），并注明各部分的名称。
2. 总结软体动物门的主要特征，了解软体动物的主要类群。
3. 河蚌和乌贼的身体结构特征是如何适应各自不同的生活习性？
4. 查阅文献，理解腹足向软体动物不对称神经系统的形成。

实验八 节肢动物(一)

节肢动物是动物界种类最多的类群,超过已知生物物种总数的80%。因为这类动物均具有分节的附肢,故通称节肢动物,包括蝗虫、蝴蝶、蛾类、虾、蟹、蜘蛛、蚊、蝇、蜈蚣等。节肢动物的栖息环境极其复杂,分布广泛,海洋、淡水、荒漠、农田、森林等环境中都有其踪迹。有些种类还寄生在其他动物的体内或体外。在现生节肢动物中,以昆虫纲和甲壳纲为典型代表,与人类关系密切,故安排了2个实验。本实验以昆虫纲的蝗虫为代表。

【实验目的】

1.通过对蝗虫的外形观察及内部解剖,掌握节肢动物门及昆虫纲的主要特征。
2.通过对浸泡标本、展示标本的观察,了解主要类群的特征。
3.认识一些常见种类。
4.掌握其身体形态结构、内部生理器官功能与结构的特殊性、多样性;了解节肢动物是动物界中种类最多、数量最大、分布最广的一个动物门类。

【实验内容】

1.蝗虫的外部形态观察。
2.蝗虫的内部解剖与观察。
3.节肢动物各纲代表动物的观察。

【材料与用品】

显微镜、放大镜、大头针、解剖器械、解剖盘、蝗虫的浸泡标本、其他节肢动物的展示标本等。

【操作与观察】

1.蝗虫的外部形态观察(图8-1)

蝗虫的身体可明显分为头、胸、腹3个部分。体外被覆一层几丁质外骨骼,各种感觉器官集中于头部,胸部具3对足和2对翅,腹部的末端为外生殖器。

(1)头部(图8-2) 蝗虫的头部略呈卵圆形,以略收缩的膜质颈与胸节相连。头的上方为钝圆的头顶,前方为略呈方形的额,额下连一长方形的基唇;复眼以下的两侧部称为颊。此外,头部尚有下列的结构。

1)复眼　1 对,卵圆形,棕褐色,位于头部两侧。

2)单眼　3 个,其中1 个位于额的中央,2 个分别在两复眼内侧上方。单眼较小,呈浅黄色。

3)触角　1 对,位于复眼内侧的前方,细长呈丝状,由柄节、梗节及鞭节组成;鞭节又可分为许多亚节。

4)口器　蝗虫的口器为咀嚼式,由下列 5 部分组成(图8-3)。

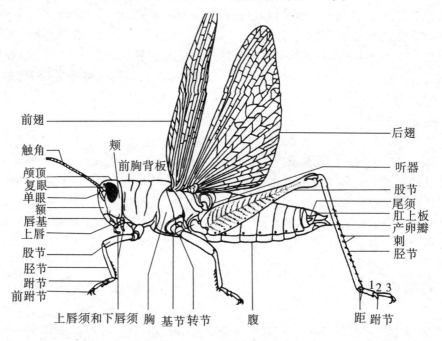

图 8-1　蝗虫的外形

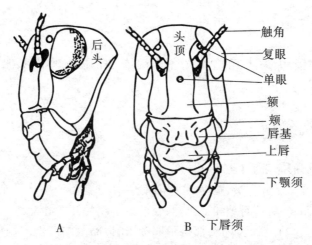

图 8-2　蝗虫的头部

A.侧面观　B.正面观

● 上唇　1片,连于唇基之下,盖在口器的前方。用镊子紧夹其基部,向腹面拉下,置于培养皿中,加清水在解剖镜下观察,注意内面有何结构?

● 上颚　1对,位于颊部下方,以解剖针沿颊下的缝隙处插入,使缝间联系分离,即可取出上颚。上颚具切齿部(注意齿状突的个数)及臼齿部,强大而坚硬,呈棕褐色。其功用如何?

● 下颚　1对,位于上颚的后方,用镊子紧夹其与头部相接处,用力拉下。下颚基部有一轴节,中部有一茎节,其外侧有瓣状的外颚叶和内侧具齿尖的内颚叶,在其旁边的细小负颚须节上,有1根5节的下颚须。

● 下唇　位于下颚的后方。用镊子紧夹住将其拉下,可见其基部为一弯月形的后颏,其前接一片状的前颏,两侧有1个3节的下唇须,前颏前缘有1对侧唇舌。

● 舌　位于口腔中央,黄褐色,卵圆形,有一小柄,舌壁上有很多毛和感觉器。

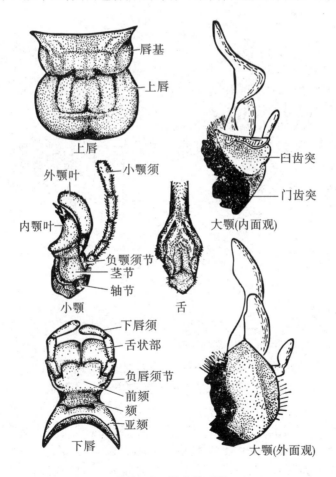

图8-3　蝗虫的口器

(2)胸部(图8-1)　蝗虫的胸部可分为前胸、中胸和后胸等3部分,包括外骨骼、附肢、翅等结构。

1）外骨骼　为几丁质,可分为背板、腹板和侧板。

●背板　前胸背板发达,呈马鞍形,向两侧和后方延伸;中胸背板和后胸背板在前胸背板下方,呈方形,表面有沟,可分为若干小骨片。

●腹板　前胸腹板呈长方形,较小,中有一横弧线;中、后胸腹板愈合成1块,但明显可见。每腹板有沟,可分为若干小骨片。

●侧板　前胸侧板位于背板下方前端,退化为小三角形骨片。中、后胸节侧板发达,有纵、横沟将每个侧板分为3块骨片。

2）附肢　胸部各节依次着生前足、中足和后足各1对。每个足可分为基节、转节、腿节、胫节、跗节和前跗节。前跗节包括爪1对,爪间有一中垫。胫节生有小刺,注意其排列形状与数目。后足强大,适于跳跃,为跳跃足。

3）翅　2对,有暗色斑纹,各翅均有翅脉贯穿。前翅革质,形长而窄,称为复翅;后翅扇形,膜质,较大,翅脉明显。注意观察后翅上的脉相。

（3）腹部　由11个体节组成(图8-1,图8-4)。

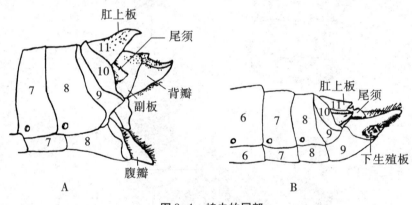

图8-4　蝗虫的尾部

A.雌性　B.雄性

1）外骨骼　每个体节由背板与腹板组成,侧板退化为连接背、腹板的侧膜。第1腹节与后胸紧密相连,第9、第10腹节背板合并,其间有一浅沟。雌体的第9、第10两节无腹板,第8节腹板往往的后端延长,成一尖突形的导卵管;雄体的第9,10节腹板愈合,顶端形成生殖下板。第11节背板组成背部三角形的肛上板。两侧各有1个三角形的肛侧板。第10节后缘两侧各有1个尾须。

2）外生殖器　雌性蝗虫的外生殖器为1个产卵器,雄性则为1个交配器。

●产卵器　由背瓣、腹瓣各1对组成,位于腹部末端。

●交配器　为1对沟状的阴茎。如将第9腹板向下压,即可看到。

3）听器　位于第9腹节的两侧。

4）气门　共10对,胸部2对,1对位于前胸和中胸侧板交界处,1对位于中胸及后胸侧板交界处,略呈椭圆形。腹部有气门8对,分别位于第1~8节背板两侧下缘前方。

2.蝗虫的内部解剖与观察(图8-5~图8-6)

沿蝗虫腹部的侧膜自后向前剪开,小心取下腹部背板,观察下列器官和系统。

(1)循环系统　由于混合体腔(血腔)的存在,蝗虫的循环系统不发达,只有1条背血管分为心脏和大动脉,血液循环的方式为开管式。把剪下的腹部背板小心翻起,仔细观察其内壁,可见中央线上有一细长的管状结构,即为心脏。心脏按体节有若干略呈膨大的部分,是为心室。每个心室有1对心孔。

(2)呼吸系统　自气门向体内,可见许多白色分支的小管,分布于内部器官和肌肉中,此为气管;在内脏背面两侧有许多膨大的气囊。撕取胸部肌肉少许,放在载玻片上,加一滴水,置于显微镜下观察,即可见许多小型的螺旋纹管状结构,此即为气管。

(3)生殖系统　蝗虫为雌雄异体,故雌、雄生殖系统的组成有所不同。

1)雄性　①精巢:位于内脏器官的背侧,1对,左、右相连成为一长圆形结构,其上有许多精巢管。②输精管:为位于精巢腹面两侧向后伸出的1对小管,分离周围组织之后即可看到。该管绕过直肠后,至虫体腹面汇合成单一的射精管,然后走向背侧,穿过生殖下板上部的肌肉,成为一阴茎,开口于生殖下板的背面。③副性腺:位于射精管的前端,是伸向前方的许多小管。

2)雌性　①卵巢:位于内脏器官的背侧,1对,其中有许多自中线斜向后方排列的卵巢管,卵巢管的端丝集合成悬带,连于胸部背板下。输卵管:位于卵巢两侧的1对纵行管,卵巢管与其相连。输卵管向后行至第8腹节前缘、肠道的下方时,形成单一的阴道,以生殖孔开口于导卵器的基部。②受精囊:自阴道背侧引出一弯曲小管,其末端形成一小形囊状结构,即受精囊。③副性腺:是位于侧输卵管前方的一段弯曲管状腺体。

(4)神经系统　小心除去胸部及头部的外骨骼和肌肉,但保留复眼和触角。然后依次观察下列各项内容。

1)脑　位于两只复眼之间,为淡黄色的块状物,注意观察脑发出的主要神经,各通向哪些器官?

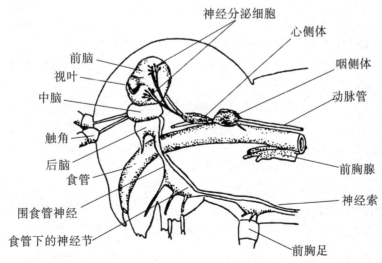

图8-5　蝗虫的神经系统(头部)

2)围食管神经　为自脑发出的 1 对神经,绕过食道后,各连于食道下神经节。

3)腹神经索　将消化道移向一侧,在腹中线上有腹神经索。腹神经索由 2 条神经组成,在一定部位形成神经节,并发出神经通向其他器官。

（5）消化系统　蝗虫的消化系统由消化道和消化腺组成。消化道可分为前肠、中肠和后肠 3 部分。

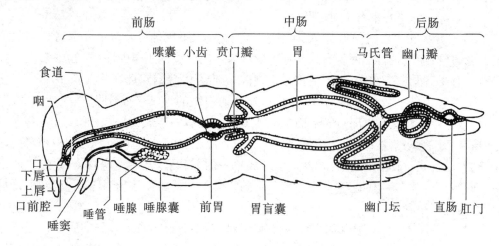

图 8-6　蝗虫的消化系统示意图

1)前肠　自口腔至胃盲囊,包括下列结构:①口腔:消化道最前端,由上、下颚和上、下唇围成的腔;②咽:位于口腔后的一小段管状结构;③食管:位于咽后的一段小管;④嗉囊:食管后端膨大的囊状结构;⑤前胃:接于嗉囊之后,较短,胃壁富有肌肉。

2)中肠　亦称胃,在与前肠交界处向前、向后各伸出指状的胃盲囊 6 个。

3)后肠　可分为回肠、结肠和直肠等 3 部分。

4)回肠　为马氏管着生处之后的一段较大的肠管。

●结肠　较细的肠管,常弯曲。

●直肠　结肠之后较膨大的部分,常有皱褶。末端开口于肛门。

消化腺　唾液腺 1 对,位于胸部腹面两侧,一般呈白色,葡萄状,有细管通至舌的基部。

（6）排泄器官　蝗虫以马氏管作为主要的排泄器官。马氏管为着生于中、后肠交界处的盲管,形状细长,数目较多。马氏管浸润于血腔(混合体腔)中,可从血液中获取代谢产物,转运至肠中,随粪便排出体外。

3. 示范标本

（1）蝗虫的生活史标本。

（2）昆虫的拟态标本。

（3）昆虫足的类型。

（4）昆虫的触角类型。

4.昆虫的形态及其对与生活方式和环境的适应

(1)昆虫的口器　　常见的昆虫口器主要包括下列几种类型。

1)咀嚼式口器　　为最原始的口器类型,适合取食固体食物。其他类型的口器均在此基础上演化而来。咀嚼式口器由上唇、上颚、舌(各1片)、下颚、下唇(各2个)5部分组成。下唇是位于下颚后面、后头孔下方的一个片状构造,形成口前腔的后壁,主要起托挡食物的作用。舌是位于口前腔中央的袋状构造,其表具浓密的毛与感觉器,内有骨片与肌肉,能帮助运送与吞咽食物,并有味觉之用。上唇、上颚、下颚与下唇所围成的空腔叫口前腔,真正的口位于唇基与舌之间。这种口器的主要特点是具有发达而坚硬的上颚以嚼碎固体食物。无翅亚纲、襀翅目、直翅类、大部分脉翅目、部分鞘翅目、部分膜翅目成虫及很多类群的幼虫或稚虫的口器都属于咀嚼式。而以直翅类的口器最为典型。如蝗虫的口器。

2)嚼吸式口器　　这种口器的构成包括:上唇:为一横片,其上着生刚毛;上颚:坚硬,形如两个大齿,位于头的两侧;下颚:位于上颚的后方,每一下颚由棒状的轴节、宽而长的基节及一片状的外颚叶组成,并有一个5节的下颚须;下唇:位于下颚的中央。有一个三角形的亚颏和一粗大的颏部。颏部的两侧有1对4节的下唇须;颏部的端部有一多毛的长管,称中唇蛇,其近基部有1对薄且凹成叶的侧唇舌,端部还有一匙状的中舌瓣。例如蜜蜂的口器。

3)刺吸式口器　　这种口器由下述部分构成:上唇:为较大的一根针,端部尖锐如利剑;上颚:为最细的两根口针;下颚:1对,由一具4节的下颚须及一由外颚叶变成的口针组成,口针端部尖锐,具齿;舌:1根,较宽,细长而扁平;下唇:长而粗大,1个,多毛,呈喙状。如蚊、蝉的口器。

4)舐吸式口器　　这种口器的上、下颚均退化,仅有1对棒状的下颚须,下唇特化为长的喙。喙端部膨大成两瓣具环状沟的唇瓣。喙的背面、唇槽基部着生一剑状上唇,其下紧贴一扁长的舌,两相闭合而成食物道。如家蝇的口器。

5)虹吸式口器　　这种口器的上颚及下唇退化。下颚形成长形卷曲的喙。中间有食物道、1对不发达的下颚须及1对下唇须。如蝶蛾类的口器。

(2)昆虫的触角(图8-7)　　昆虫的触角是感觉器官的组成部分。根据触角的形态特征,可分为如下主要类型。

1)丝状　　细长如丝,鞭节各节的粗细大致相同,向端部逐渐变细,如蝗虫的触角。

2)刚毛状　　短小,基部1~2节较粗,鞭节纤细似刚毛,如蝉的触角。

3)念珠状　　鞭节的各节大小相近,状如圆球,全体好似一串珠子,如白蚁的触角。

4)锯齿状　　鞭节的各节向一侧突出成三角形,全形似一张锯片,如叩头虫的触角。

5)栉齿状　　鞭节的各节向一侧或两侧突出成梳齿状,全形如梳子,如一些甲虫的触角。

6)羽毛状　　鞭节的各节向两侧突出,形如禽类羽毛,如许多蛾类雄虫的触角。

7)球杆状　　鞭节的基部若干节细长如丝状,顶端数节渐膨大,全形似1根棒球杆,如蝶类的触角。

8)锤状　　类似球杆状,但端部数节骤然膨大成锤状,如郭公虫的触角。

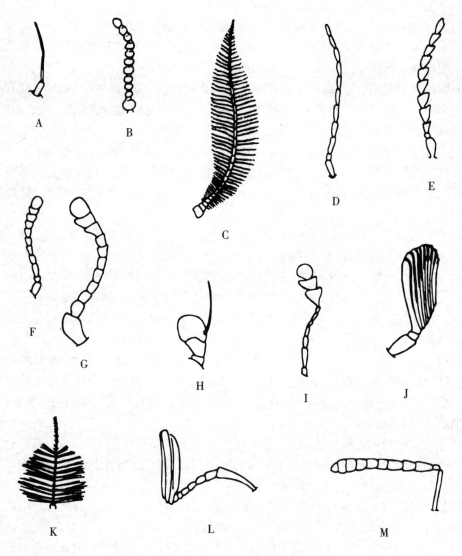

图8-7　昆虫触角的类型

A.刚毛状　B.念珠状　C.羽状　D.丝状　E.锯齿状　F、G.球杆状
H.具芒状　I.锤状　J、L.鳃片状　K.环毛状　M.膝状

9）鳃叶状　触角端部的3~7节向一侧延展成薄片状叠合在一起,状似鱼鳃,如金龟子的触角。

10）具芒状　一般仅为3节,短而粗,末端一节特别膨大,其上有1根刚毛状构造,称为触角芒。芒上有时还有很多细毛,如蝇类的触角。

11）环毛状　鞭节的各节均有一圈细毛,越接近触角基部,细毛越长,如雄蚊的触角。

12）膝状　亦称肘状。鞭节特别长,梗节短小。鞭节由大小相似的亚节组成。在鞭节和梗节之间成肘状或膝状弯曲,如象鼻虫、蜜蜂的触角。

(3)昆虫的翅 翅是昆虫的飞翔器官。因质地的不同,昆虫的翅可分为如下主要类型。

1)膜翅 翅为膜质,薄而透明,如蜂类的翅。

2)复翅 翅为革质,稍厚,有弹性,半透明,如蝗虫的前翅。

3)鞘翅 翅为角质,坚硬而厚,不透明,翅脉消失,如金龟子的前翅。

4)半鞘翅 翅为基半部为皮革质,端半部为膜质,如椿象类的前翅。

5)平衡棒 家蝇的后翅特化成棒状或线状,称为平衡棒。

6)鳞翅 翅为膜质,其上密被鳞片,如蛾、蝶的翅。

7)缨翅 翅为膜质,狭而长,边缘着生许多缨状毛,如蓟马的翅。

8)毛翅 翅为膜质,其上密被毛状物,如石蛾的翅。

(4)昆虫的足 根据形态和功能的不同,昆虫的足可分为如下主要类型。

1)步行足 腿节、胫节和跗节均细长,适于步行。

2)捕捉足 基节长而大;腿节发达,腹缘有沟,沟旁有刺;胫节腹缘扁平,具两列刺。适于捕捉与把握。如螳螂的前足。

3)开掘足 基节短粗;腿节粗大,直接连于基节,把很小的转节压在后方;胫节扁平强大,端部4个发达的齿;跗节3节,着生在胫节外侧,呈齿状。如蝼蛄的前足。

4)游泳足 胫节和跗节皆扁平,边缘具长毛,适于游泳。如龙虱的后足。

5)抱握足 跗节分为5节,前3节边宽,并列呈盘状,边缘有缘毛,每节有横走的吸盘多列,后2节很小,末端具2爪。如雄龙虱的前足。

6)跳跃足 腿节膨大,胫节细长而多刺,适于跳跃。如蝗虫的后足。

7)攀缘足 胫节、跗节和爪能合抱,可以握持毛发。如虱的足。

8)携粉足 足各节均具有长毛,胫节基部较宽扁,边缘有长毛,形成花粉篮。跗节甚大,分5节,第1节膨大,内侧具有数排横列的硬毛,可梳集黏着在体毛上的花粉,称花粉刷。胫节与跗节相接处有一个缺口,称压粉器。这种足部的结构适于采集与携带花粉,如蜜蜂总科昆虫的后足。

(5)昆虫的变态 变态是昆虫生活史中的主要特征,可分为如下主要类型。

1)增节变态 这是一种最原始的变态类型。昆虫纲中只有原尾目属于此类。其特征是:成虫和幼虫除大小外在外表上极为相似,但腹部体节的数目随蜕皮而增多,初孵化时只有9节,最后增加到12节。

2)表变态 此为比较原始的变态类型。无翅亚纲中除原尾目以外其余各目均属这类方式。幼虫和成虫除体躯大小外,在外形上无显著差异,腹部体节数目也相同,但成虫期一般会继续蜕皮。

3)原变态 有翅亚纲中较原始的变态类型。其特征是:幼虫变为成虫要经过一个"亚成虫期",亚成虫与成虫完全相似,仅体色较浅,足较短,呈静休状态。亚成虫期历时较短,经数分钟到1 d即蜕皮变为成虫。仅见于蜉蝣目。

4)不完全变态 此为有翅亚纲外生翅类(蜉蝣目除外)各目昆虫的变态类型。幼虫形态特征和生活习性与成虫不同,随差异的程度不同可再分为:

• 渐变态 幼虫与成虫的形态和生活习性差不多,只是幼虫的翅发育不完全,生殖器官未成熟,每经蜕皮后其翅和生殖器官逐渐发育成长,此幼虫称为"若虫",如直翅目。

● 半变态　幼虫和成虫的形态和生活习性皆不同,幼虫水生,成虫陆生,此类幼虫称为"稚虫",如蜻蜓目、襀翅目。

● 过渐变态　幼虫与成虫相似,但中间有一个外生翅芽的前蛹期和一个静止的蛹期,是介于渐变态和全变态的中间类型。缨翅目昆虫属于此类。

5)全变态　从幼虫到成虫的发育过程中,必须经历一个不食不动的蛹期。有翅亚纲中内生翅类各目昆虫具这种变态类型。如鳞翅目。

5. 部分常见节肢动物的观察

根据实际情况,可组织学生到标本室参观收藏的其他节肢动物标本。

如果时间充裕,或安排课余时间,组织学生到校园中的林地、草地等环境中,观察并捕捉部分昆虫,进行种类识别与鉴定。

【作业与思考题】

1. 绘蝗虫头部的正面观和侧面观,并注明各部分的名称。
2. 总结节肢动物的主要特征。
3. 简述昆虫足的主要类型及其对生活环境的适应。
4. 了解昆虫口器的类型和结构,探讨其对防治害虫时选择农药的指导意义?
5. 从节肢动物的身体形态与结构特征,分析节肢动物种类多、数量大、分布广的原因。
6. 描述一种你在校园中所观察到的昆虫。

实验九　节肢动物(二)

节肢动物门是动物界种类最多的类群,超过整个现生物物种总数的80%。因为这类动物具有分节的附肢,故通称节肢动物,包括蝗虫、蝴蝶、蛾类、虾、蟹、蜘蛛、蚊、蝇、蜈蚣等。节肢动物的栖息环境极其广泛,是海洋、淡水、陆地等环境中都有其踪迹。有些种类与人类身体健康、生命安全具有密切关系。本实验以甲壳纲的螯虾为代表。

【实验目的】

通过观察螯虾(或沼虾、对虾)的外形和内部结构,了解甲壳动物在形态结构上的主要特征;认识甲壳纲的代表动物。

【实验内容】

1. 螯虾(沼虾、对虾)的外部形态观察。
2. 螯虾的内部解剖与观察。
3. 甲壳纲各重要类群代表动物的观察。

【材料与用具】

显微镜、放大镜、体视显微镜、解剖盘、解剖刀、剪刀等解剖器械,硬纸板、活体动物或浸泡标本等。

【操作及观察】

1. 螯虾的外部形态观察

螯虾属于爬行虾类。身体分头胸部和腹部,体表被覆以坚硬的几丁质外骨骼。随年龄的不同,外骨骼可呈深红色或红黄色,将活体螯虾或浸泡标本置于解剖盘内,按下列顺序,依次观察。

(1)头胸部　由头部(6节)与胸部(8节)愈合而成,外被头胸甲,头胸甲约占体长的一半。头胸甲前部中央有一背腹略扁的三角形突起,称为额剑,其边缘有锯齿(日本沼虾的额剑侧扁,上、下缘具齿)。头胸甲的近中部有一弧形横沟,称为颈沟,为头部和胸部的分界线。颈沟之后,头胸甲两侧部分称为鳃盖,鳃盖下方与体壁分离形成鳃腔。额剑两侧各有1个可自由转动的眼柄,其上着生复眼,用刀片将复眼削下一薄片,在显微镜下观察其形状与结构特征。

(2)腹部　螯虾的腹部短,背腹扁,体节明显为6节,其后还有尾节。各节的外骨骼可分为背面的背板、腹面的腹板及两侧下垂的侧板。观察体节间如何连接,此连接对虾腹部的伸屈运动有何作用? 尾节扁平,腹面正中有一纵裂缝,为肛门。

(3)附肢(图9-1) 除第1体节和尾节无附肢外,螯虾共有19对附肢,即每体节1对。除第1对触角是单肢型外,其他都是双肢型,但随着生部位和功能的不同而有不同的形态结构。观察时,左手持虾,使其腹面向上,首先注意各附肢着生位置。然后,右手持镊子,由身体后部向前,依次将虾的左侧附肢摘下,并按原来顺序排列在解剖盘或硬纸板上,用放大镜自前向后依次观察。

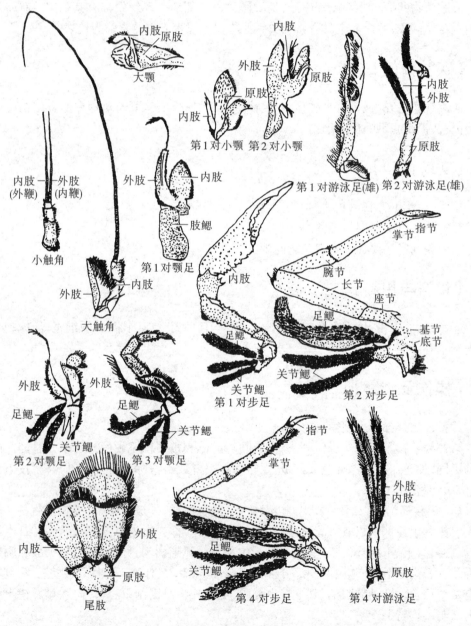

图9-1 虾的附肢

1)头部附肢　共5对。

• 小触角　位于额剑下方。原肢3节,末端有2根短须状触鞭(日本沼虾的小触角基部外缘有一明显的刺柄,外鞭内侧尚有一短小的附鞭)。触角基部背面有一凹陷,可容纳眼柄,凹陷内侧丛毛中有平衡囊。

• 大触角　位于眼柄下方,原肢2节,基节的基部腹面有排泄孔。外肢呈片状,内肢成一细长的触角。

• 大颚　原肢坚硬,形成咀嚼器,分为扁而边缘有小齿的门齿部和齿面有小突起的臼齿部;内肢形成很小的大颚须,外肢消失。

• 小颚　2对。原肢2节呈薄片状,内缘具毛(日本沼虾原肢内缘具刺)。第1小颚内肢呈小片状,外肢退化;第2小颚内肢细小,外肢宽大叶片状,称颚舟叶。根据形态特征,思考颚舟叶有何功用?

2)胸部附肢　共8对,原肢均2节。

• 颚足　3对。第1颚足外肢基部大,末端细长,内肢细小。外肢基部有一薄片状肢鳃。第2、3颚足内肢发达,分为5节(日本沼虾第3颚足内肢分3节),屈指状,外肢细长。足基部都有羽状的鳃。3对颚足和大颚、小颚等头部附肢均参与口器的形成。

• 步足　5对。内肢发达,分为5节,即座节、长节、腕节、掌节和指节;外肢退化。前3对末端为钳状;第1对步足的钳特别强大,称为螯足;其余2对末端呈爪状(日本沼虾前2对步足末端为钳状,其中第2对特别大,尤其是雌虾)。试分析各步足的功用。雄虾的第5对步足基部内侧各有一雄孔,雌虾的第3对步足基部内侧各有一雌孔。各足基部都长有羽状鳃,注意各鳃的着生部位。

3)腹部附肢　共5对,不发达。原肢2节。前2对腹肢,雌雄有别。雄虾第1对腹肢变成管状交接器,雌虾的退化;雌虾第2对腹肢细小,外肢退化(日本沼虾第1对腹肢的外肢大,内肢很短小;第2对腹肢的内肢有一短小棒状内附肢,雄虾在内附肢内侧有一指状突起的雄性附肢)。第3、4、5对腹肢形状相同,内、外肢细长而扁平,密生刚毛(日本沼虾的内、外肢呈片状,内肢具内附肢)。

4)尾肢　1对,内外肢特别宽阔,呈片状,外肢比内肢大,由横沟分成2节(日本沼虾的外肢外缘有一小刺)。尾肢与尾节构成尾扇。根据尾扇的形态,思考尾扇在虾的运动中起何作用?

2. 螯虾的内部解剖与观察(图9-2)

(1)呼吸器官　用剪刀剪去螯虾头胸甲的右侧鳃盖,即可看到呼吸器官——鳃。结合已摘下的左侧附肢上鳃的着生情况,在原位用镊子稍做分离,并同时观察鳃腔内着生在第2颚足至第4步足基部的足鳃、体壁与附肢间关节膜上的关节鳃和着生在第1颚足基部的肢鳃。思考肢鳃有何功用? 螯虾各种鳃的数目如何(日本沼虾自第2颚足至第5步足各有1对足鳃)?

观察完呼吸系统后,用镊子自头胸甲后缘至额剑处,仔细地将头胸甲与其下面的器官剥离开;再用剪刀自头胸甲前部两侧到额剑后剪开并移去头胸甲。然后,用剪刀自前向后,沿腹部两侧背板和侧板交界处剪开腹甲,用镊子略掀起背板,观察肌肉附着于外骨骼内的情况。最后,小心地剥离背板和肌肉的联系,移去背板。

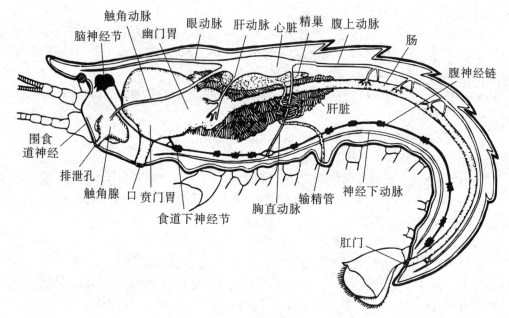

图 9-2　虾的内部解剖

（2）肌肉　螯虾的肌肉为成束的横纹肌，一般成对分布。根据螯虾肌肉的形态特征，试比较螯虾与其他无脊椎动物肌肉的差异。

（3）循环系统　螯虾的血液循环为开管式，本实验主要观察心脏和动脉。

1）心脏　位于头胸部后端背侧的围心窦内，为半透明、多角形的肌肉囊，用镊子轻轻撕开围心膜即可见到。用放大镜观察，在心脏的背面、前侧面和腹面，各有 1 对心孔。也可在观察完血管后，将心脏取下置于培养皿内，加适量清水，再在放大镜下或体视显微镜观察。

2）动脉　螯虾的动脉较细且呈透明状。用镊子轻轻提起心脏，可见心脏发出 7 条血管。

由心脏前行的动脉有 5 条，即：由心脏前端发出 1 条眼动脉，在眼动脉基部两侧发出 1 对触角动脉，在触角动脉外侧发出 1 对肝动脉。

由心脏后端发出 1 条腹上动脉。该血管为一沿后肠背方贯穿整个腹部、略粗的血管，后行直到腹部末端。

在胸腹交接处，腹上动脉基部，由心脏发出一条弯向胸部腹面的胸直动脉。剪去第 4、第 5 步足处的胸部左侧壁，用镊子将该处腹面肌肉轻轻向背侧掀起，即可见到胸直动脉通到腹面（注意此血管极易被拉断）。腹直动脉至神经索腹侧后，再向前、后分为 2 支：向前的一支为胸下动脉，向后的一支为腹下动脉。

（4）生殖系统　观察完循环系统之后，用剪刀或镊子摘除心脏，即可见到虾的生殖腺。螯虾为雌雄异体。

1）雄性　雄性螯虾具精巢 1 对，位于围心窦腹面。白色，呈 3 叶状，前部分离为 2 叶，后部合并为 1 叶。每侧精巢发出 1 条细长的输精管，其末端开口于第 5 对步足基部内侧的雄性生殖孔。

2)雌性　雌性具卵巢1对,位于围心窦腹面,性成熟时为淡红色或淡绿色,在浸制标本则呈褐色。卵巢呈颗粒状,也分3叶(前部2叶,后部1叶),其大小随发育时期不同而有很大差别。卵巢向两侧腹面发出1对短小的输卵管,其末端开口于第3对步足基部内侧的雌性生殖孔。在第4、第5对步足间的腹甲上,有一椭圆形突起,中间有一纵行开口,内为空囊,此即受精囊。

(5)消化系统　螯虾的消化系统包括消化道和消化腺两部分。

用镊子轻轻移去生殖腺,可见其下方的左、右两侧各有一团淡黄色腺体,即为肝脏。剪去一侧肝脏,可见肠管前接囊状的胃。胃可分为位于体前端的壁薄的贲门胃(透过胃壁可看到胃内有深色食物)和其后较小、壁略厚的幽门胃。剪开胃壁,观察贲门胃内由3个钙齿组成的胃磨、幽门胃内几丁质刚毛状结构着生的特点,思考它们各有何功能?

用镊子轻轻提起胃,可见贲门胃前腹侧连有一短管,此即食管。食管前端连于由口器包围而形成的口腔。幽门胃后接中肠,中肠很短,1对肝脏即位于其两侧,各以一肝管与之相通。中肠之后即为贯穿整个腹部的后肠。后肠位于腹上动脉腹侧,略粗(透过肠壁可见内有深色食物残渣)。消化道末端以肛门开口于尾节腹面。

(6)排泄系统　螯虾的排泄系统主要为触角腺。剪去胃和肝脏,在头部腹面大触角基部外骨骼内侧,可见到一团扁圆形腺体,即触角腺,为成虾的排泄器官。触角腺在生活时呈绿色,故又称绿腺,在浸制标本常呈乳白色。宽大而壁薄的膀胱伸出一短管,触角腺借此管开口于大触角基部腹面的排泄孔。

(7)神经系统　上述观察结束之后,除保留食管外,将其他内脏器官和肌肉全部除去,小心地沿中线剪开胸部底壁,便可看到身体腹面正中线处有1条白色索状物,即为螯虾的腹神经链。腹神经链由2条神经干愈合而成。用镊子在食管左右两侧小心地剥离,可找到1对白色的围食管神经。沿围食管神经向头端寻找,可见在食管之上,两眼之间有一较大白色块状物,为食管上神经节或脑神经节。围食管神经绕到食管腹面与腹神经链连接处有一大白色结节,为食管下神经节。自食管下神经节,沿腹神经链向后端剥离,可见链上还有多个白色神经节。注意观察这些神经节与腹部体节的位置关系如何?检查并计数,在螯虾腹神经链上共有多少个神经节?

3.示范

其他虾类、中华绒螯蟹、三疣梭子蟹等。根据实际情况,组织学生参观教学或科研标本室,或以往野外实习所积累的甲壳动物标本。

【作业与思考题】

1.绘螯虾的外形图(背面观),注明各部分的名称。

2.绘螯虾的解剖图,示消化系统和排泄系统。

3.总结甲壳纲的主要特征。

4.如何从外形上区分螯虾(沼虾、对虾)的雌雄个体?

5.查阅文献,了解甲壳动物的主要类群和代表动物。

实验十　棘皮动物

棘皮动物是动物进化过程中最早出现的后口动物(deuterostomes),属于无脊椎动物中的高等类群。这类动物在形态结构与发生上均有独特之处,与原口动物明显不同。棘皮动物首次出现了内骨骼,骨骼外包以皮肤。棘皮动物的皮肤首次出现真皮层。皮肤表面一般具棘。鉴于棘皮动物在进化中的重要性,故安排本实验。

【实验目的】

1. 通过对海星的外部形态、内部解剖的观察,了解棘皮动物的主要特征。
2. 理解棘皮动物在动物进化中的地位。
3. 认识一些常见的棘皮动物。

【实验内容】

1. 海星的外部形态观察。
2. 海星的内部解剖与观察。
3. 棘皮动物常见种类浸泡标本观察。

【材料与用品】

显微镜、放大镜、大头针、解剖器械、解剖盘、新鲜标本或浸泡标本等。

【操作与观察】

1. 海盘车的外部形态观察(图 10-1)

海盘车体呈五角星形,为辐射对称。体色微黄并杂有大、小不等的紫红色斑点。体表很粗糙,有许多由内骨骼向外突起的棘,背侧隆起称为反口面。腹侧较平称为口面,五角星形之 5 个角称为腕,身体中央的腕间部分称为体盘。

2. 海盘车的内部解剖

(1)口面　体盘中央有一五角星形区域称为围口部,其周围有膜称为围口膜。膜之中央为口。围口部每一角有 1 条沿腕向前伸缩的沟称为步带沟,沟内有 4 排透明柔软的小盲管,此为管足。其前端形成吸盘,为海盘车的运动器官。

(2)反口面　在体盘所在的一侧,每两个腕基部之间有圆形略突起的构造,色黄,具上有许多工作微孔,此为筛板,为海盘车的水管系统与外界相通之口。体盘正中央为胸门,极小,不易见。

　　3.其他常见棘皮动物标本的观察。

　　根据实际情况,可组织学生参观标本馆所收藏的棘皮动物标本。

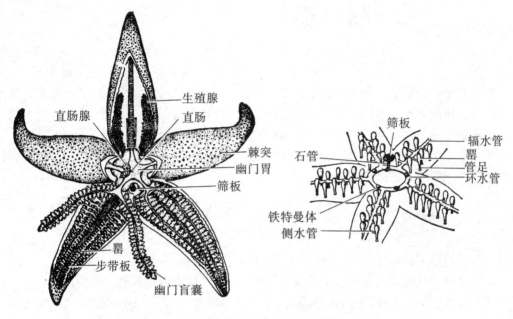

图 10-1　海盘车的结构和水管系统

【作业与思考题】

1. 总结棘皮动物门的主要特征。
2. 分析棘皮动物在动物系统发育中的地位。
3. 查阅文献,理解后口动物的概念。
4. 列出棘皮动物首次出现的重要特征。

实验十一　半索动物、头索动物、尾索动物和圆口类

半索动物是处于无脊椎动物和脊索动物之间的过渡类群,同时具有无脊椎动物和脊索动物的特征。尾索动物和头索动物是脊索动物门的低等类群,种类少,但在进化过程中居于重要地位。圆口纲是脊椎动物亚门中的低等类群。由于这几个类群的种类较少,但鉴于其在动物起源与演化中的重要性,故将这几个类群放在一起,安排一次实验,意在保持动物进化路线的完整性。

【实验目的】

1. 通过对文昌鱼的观察,掌握脊索动物门的三大特征。
2. 通过对柱头虫、柄海鞘、文昌鱼、七鳃鳗的观察,掌握各类群的主要特征。
3. 理解一些关于脊索动物的重要概念(如羊膜动物、恒温动物、有颌类、无颌类等)。

【实验内容】

1. 观察文昌鱼的形态与结构,认识并掌握脊索动物门的主要特征。
2. 观察柱头虫、柄海鞘、文昌鱼、七鳃鳗等的浸泡标本或装片标本,了解各类群动物的形态特征。

【材料与用品】

显微镜、放大镜、大头针、解剖器械、解剖盘、活体动物或浸泡标本、装片标本等。

【操作与观察】

1. 半索动物门——柱头虫(图 11-1)

柱头虫隶属于半索动物门,体呈蠕虫形,体长可超过600 mm。栖息于沿海浅滩。柱头虫的身体可分为吻(proboscis)、领(collar)、躯干(trunk)3 部分。内部均具腔,即由体腔分化而成的吻腔、领腔和躯干腔。吻和领的伸缩,可掘泥沙做穴,实现运动。

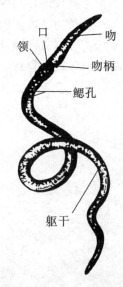

图 11-1　柱头虫的外形

（1）吻　为位于身体最前端、中空的肌肉质囊，可伸缩，并可缩入领内。呈圆锥状（柱状），故名柱头虫。口位于吻基部腹面、领的前缘。

（2）领　为吻之后部的环状肌肉质部分，在腹面的前部中央有一大孔，称为口孔。

（3）躯干　为领部之后的部分，为身体最长的一部分，呈圆柱状。可分为3部分。①鳃生殖部：为躯干的最前部分，其背中线两侧有两例小孔，为鳃裂。鳃裂两侧各有一隆起的纵褶，内有白色或红色的生殖腺。②肝盲囊部：位于躯干部中段，其背部两侧有成对突出的绿色盲囊状突起，为肝盲囊。③腹部：为躯干的最后一部分。

躯干前端背侧有2条纵沟，沟内有成对的小孔，称外鳃裂，与咽部的内鳃裂相通，内外鳃裂间有鳃囊。水由口进入，从鳃裂排出，从而完成呼吸作用。掘沙前进时，即可摄入含有机质的泥沙。消化管细长，无胃肠分化，末端为肛门。

2. 头索动物亚门——文昌鱼（图11-2，图11-3）

文昌鱼属脊索动物门头索动物亚门。文昌鱼身体半透明，体长4~5 cm，两端较尖而左右侧扁，无头和躯干之分，形态略似小鱼。文昌鱼身体前端腹面有一大孔，由薄膜围成，是为口笠，口笠边缘生有触须，有感觉功能。身体背面有纵行褶皱，为背鳍。在尾部边缘加宽成尾鳍，尾鳍在腹面向前延伸至体1/3处为臀鳍。身体腹面两侧各有1条由皮肤下垂形成的成对纵褶，为腹褶。2条腹褶在后方汇合，在与臀鳍交界处有一孔，此为腹孔或称围鳃腔孔。鳃孔后方，尾鳍与臀鳍交界处偏左侧有一孔为肛门，透过半透明的身体可见到呈"《"形排列、顶角朝前的肌节，两相邻肌节间有薄层白色结缔组织，称为肌隔。身体两侧肌节下端各有一排白色方形小块，为生殖腺，共约26对。在新鲜标本中，可见精巢呈乳白色，而卵巢呈淡黄色。

3. 尾索动物亚门——柄海鞘

柄海鞘属脊索动物门尾索动物亚门。其幼体营自由生活，成体营固着生活。在个体发育过程中，需经过逆行变态。海鞘的成体外形似一个椭圆形囊袋，质地坚韧，由一种近似植物纤维素的被囊素构成。固着的一端为基部，呈长柄形。顶端有2个孔，位置较高者为入水孔，侧面者为出水孔。水由入水管进入体内，由出水管孔排出体外。

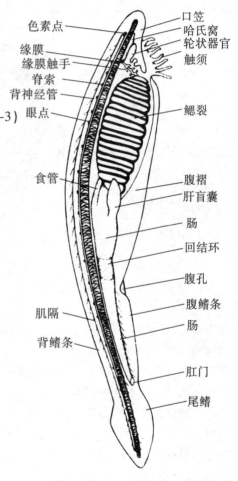

图11-2　文昌鱼的结构

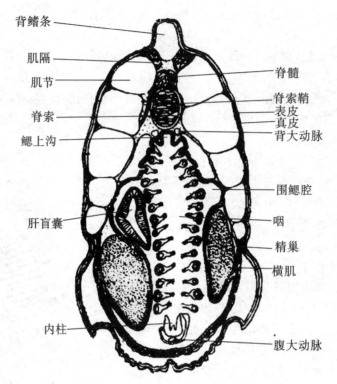

图 11-3　文昌鱼过咽部横切面

4.脊椎动物亚门——圆口纲——七鳃鳗

七鳃鳗的体形细长,呈圆柱形,无上、下颌;脊索终生存在,无脊椎骨,只有神经孤片;仅有奇鳍,无偶鳍;鼻孔单个,位于头部的背面;头前腹面有呈漏斗状吸盘,张开时呈圆形,故名圆口类。口漏斗可用以使动物吸附在寄主(鱼)体表,是对寄生生活的适应;鳃位于咽部两侧的鳃囊中。故圆口类又名囊鳃类。在眼的后方,身体两侧各有 7 个鳃孔,故名七鳃鳗。内耳中具有两个半规管。

七鳃鳗的口在漏斗底部,口两侧有许多黄色的角质齿,口内有肌肉质的舌,舌上亦有角质齿。因此,舌成为舐刮器。肛门位于躯干与尾部交界处,肛门前有一泌尿生殖突。皮肤柔软而光滑,无鳞,侧线不发达。无偶鳍。背鳍 2 个,基长约相等,后面的背鳍与尾鳍相连,鳍条软而细密。七鳃鳗活体的背部呈青色带绿,腹部灰白色。

【作业与思考题】

1.绘文昌鱼经过咽部的横切面图,并注明各部分结构的名称。

2.通过对文昌鱼、柄海鞘、七鳃鳗的观察,说明脊索动物门中 3 个亚门的主要特征。

3.查阅文献,掌握同源器官、同功器官和痕迹器官的概念并举例说明。

4.羊膜动物包括哪些类群?

实验十二　鱼　类

鱼类是体表被鳞(片)，以鳃呼吸，用鳍作为运动器官，以可活动的上、下颌摄食的水生脊椎动物。在长期的进化过程中，鱼类经历了辐射适应阶段，最终形成种类繁多、千姿百态、色彩绚丽和生活方式迥异的现生类群。鱼纲是脊椎动物中种类最多的类群，其种数超过其他各纲脊椎动物种数的总和，包括硬骨鱼和软骨鱼两大类群。

【实验目的】

1. 通过对鲤鱼外形和内部构造的观察，掌握硬骨鱼类外部形态及系统结构特点。

2. 学习硬骨鱼的形态测量方法及硬骨鱼解剖方法；了解利用年轮推算鱼类年龄的方法。

3. 理解鱼类适应于水生生活的主要特征。

【实验内容】

1. 鲤鱼的外部形态观察；鱼类的一般形态测量和相关术语。

2. 鲤鱼的内部解剖与观察。

3. 鲤鱼鳞片的年轮观察。

4. 硬骨鱼类的骨骼系统观察。

【材料与用品】

解剖器械、解剖盘、脱脂棉、活体动物或浸泡标本、整体及离散的骨骼标本等。

【操作与观察】

1. 鲤鱼的外部形态

鲤鱼体呈纺锤形，左右略侧扁，背部黑色，体侧颜色较浅带有金属光泽，腹部淡黄色。整个身体可分为头、躯干和尾3个部分。头的最前端为口，头两侧各有1对口须，口上方、眼前方为1对鼻孔。头后两侧有宽扁的鳃盖，鳃即位于其中，鳃盖后缘为头与躯干部的分界线。鳃盖后缘游离，具薄而柔软的鳃盖膜，其后下方的开口为鳃孔。背鳍1个，其最前端有一硬刺。尾鳍上下2叶相等，为正尾型。臀鳍1个，其前端也有一硬刺。腹鳍已向前移位于胸鳍之后(腹鳍胸位)。躯干部后部腹面有2个开口，前方者为肛门，后方者为泄殖孔。肛门为躯干末部与尾部的分界线。

鲤鱼体表光滑,被覆一层上皮组织,并由此分泌大量黏液于体表,可减少游泳时的阻力。躯干部和尾部被覆瓦状排列的鳞片。用镊子取下一枚鳞片,可见其前部埋于皮肤中,后缘游离而光滑,故称为圆鳞。在身体侧近中部,从鳃盖后缘至尾鳍基部的一列鳞片上各有一小孔,外观呈虚线状,称为侧线。侧线属于感觉器官。

2. 硬骨鱼的一般测量和常用术语(图 12-1)

在进行动物分类学研究时,科学、统一、规范的形态术语非常重要,否则,可能会给检索表的编制、使用带来极大的麻烦。因此,要正确鉴定和识别鱼类。必须首先熟悉一些常用的形态术语。

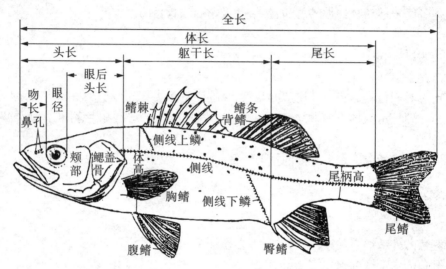

图 12-1　硬骨鱼的外形测量

(1)头部　自上颌前端或吻端至鳃盖骨后缘的部分。

(2)躯干部　自鳃盖骨后缘至肛门的部分。

(3)尾部　自肛门至尾基的部分。

(4)吻部　眼前缘以前的头部。

(5)颏部　头部腹面下颌联合部之后靠前部为颏部,其后为峡部。

(6)颊部　眼的后下方、鳃盖骨之前的部分。

(7)侧线鳞　自鳃孔上角上方向后沿体侧中央至尾柄基部,有一行具细管或小孔的鳞片,称为侧线鳞。侧线鳞的数目即为侧线鳞数。

(8)侧线上鳞　由背鳍起点处的鳞片向后下方斜查到紧邻侧线的一枚鳞片时的鳞片数。

(9)侧线下鳞　由紧邻侧线一个鳞片向后下方斜查到腹鳍起点时的鳞片数。

(10)鳞式　表示侧线鳞、侧线上鳞和侧线下鳞数目的式子。一般写为:

$$\text{侧线鳞数目}\ \frac{\text{侧线上鳞数目}}{\text{侧线下鳞数目}}$$

如鲤鱼的鳞式为：

$$33 \sim 39 \ \frac{5 \sim 6}{5 \sim 6}$$

（11）纵列鳞　没有侧线或侧线不全的鱼类，由鳃孔上角上方沿体侧中轴的一列鳞片。

（12）横列鳞　没有侧线或侧线不全的鱼类，由背鳍起点处的一个鳞片向后下方斜查到腹缘为止的鳞片。

（13）背鳍前鳞　背鳍起点前方沿背中线的一纵列鳞片。

（14）围尾柄鳞　环绕尾柄最低处一周的鳞片。

（15）圆鳞　鳞片后部边缘光滑的骨鳞称为圆鳞。

（16）栉鳞　鳞片后缘呈锯齿状的骨鳞，称为栉鳞。

（17）棱鳞　腹面中沿中线的一列具棱脊或刺突的鳞片。

（18）鳍条　鳍的支持物，分支或不分支。分支鳍条数目用阿拉伯数字表示，不分支鳍条数目以小写罗马字表示，鳍棘数目则以大写罗马字表示。鳍为1个时，鳍棘与鳍条数目以"-"连接，如背鳍Ⅲ-8，表示由3根鳍棘和8根鳍条组成；鳍为2个时，则前后以","隔开，如背鳍Ⅳ，Ⅰ-6，表示第1背鳍由4根鳍棘组成，第2背鳍由1根鳍和6根鳍条组成。

（19）鳃盖　覆于鳃室之外的骨质构造，由4块骨片组成，即后鳃盖骨、前鳃盖骨、下鳃盖骨和间鳃盖骨。

（20）鳃弓　鳃室内着生有鳃的骨质条，呈弧状。

（21）鳃耙　着生于鳃弓内缘的突起，其形态、数目可作为分类依据。

（22）下咽齿　也称咽喉齿，为着生于最内侧一对鳃弓（下咽骨）上的齿，其形状、数目排列方式因种而异，亦可作为分类依据。

（23）端位口　口位于吻端，上、下颌等长。

（24）上位口　口裂与身体纵轴垂直，下颌前突。

（25）下位口　口裂位于头的腹面。

（26）吻须　为着生于口之前部须的总称。

（27）口角须　着生于口角的须，或称颌须。

（28）颏须　着生于颏部的须。

（29）鼻须　前、后鼻孔先端延长成须。

（30）幽门垂　为着生于胃的幽门部和肠起始处的指状盲囊，其数目可作为分类依据。

（31）鳔　某些鱼体内调节身体比重和辅助呼吸的囊状结构，其形状、分室情况、与肠管相通与否等因种而异，故可作为分类依据。

（32）全长　自吻端至尾鳍末端的长度。

（33）体长　自吻端至尾鳍基部的长度。

（34）体高　躯干部最高处的垂直高度。

（35）头长　自吻端至鳃盖骨后缘的长度。

（36）躯干长　自鳃盖后缘到肛门的长度。

（37）尾长　自肛门至最后一个尾椎的长度。

（38）吻长　自上颌前缘至眼前缘的长度。

（39）眼径　自眼眶前缘至后缘的垂直距离。

（40）眼间距　两眼间的垂直距离。

（41）口裂长　自吻端至口角的长度。

（42）眼后头长　自眼后缘至鳃盖骨后缘的长度。

（43）尾柄长　臀鳍基部后缘至尾鳍基部的长度。

（44）尾柄高　尾柄最低处的垂直高度。

（45）背鳍基长　自背鳍起点至背鳍基部后缘的直线距离。

（46）臀鳍基长　自臀鳍起点至臀鳍基部后缘的直线距离。

3. 鳞片年轮的观察

大多数硬骨鱼类在生命开始的第一年,全身就长满了细小的鳞片。鳞片由许多大小不同的薄片构成,好像一个截去了尖顶的圆锥一样,中间厚,边上薄。最上面一层最小,但是最老;最下面一层最大,但是最年轻。鳞片生长时,表层上就有新的薄片生成,随着鱼的年龄的增加,薄片的数目也不断增加。

在一年中的不同季节,鱼体的生长速度不同。一般在春夏季生长快,秋季生长慢,冬天则几乎停止生长,至翌年春季又恢复生长。相应地,春夏生成的鳞的薄片较宽阔,秋季生成的较狭窄,宽窄不同的薄片有秩序地叠在一起,围绕着中心,一个接一个,形成许多环带,称为"生长年带"。生长年带的数目,恰与鱼所经历的生长年数相符合。春夏生成的宽阔薄片排列稀疏,秋季生成的狭窄薄片排列紧密,两者之间有个明显界限,是第一年生长带和第二年生长带的分界线,称为"年轮"。"年轮"多的鱼年龄大,"年轮"少的鱼年龄小。因此,通过观察与核查鱼鳞上"年轮"的多少,即可推算出鱼的准确年龄。鱼类的这种生长年轮,也可见于耳石、脊椎骨等。

取一片已生长多年的鱼的鳞片,置于显微镜或放大镜下观察,可见鳞片表面有黑白相间的环状条纹,颇像树木横断面上的年轮。这时,只要仔细地数出鳞片黑色环状条纹的圈数,再加1,即为鱼的实际年龄。例如,鳞片上若有4条黑色圈,则这条鱼的实际年龄就是5岁龄。

4. 鲤鱼的内部解剖与观察

将拟解剖的鱼置于解剖盘中,使其腹部向上,用剪刀在其肛门前与体轴相垂直的位置剪一小口,将剪刀插入切口,沿腹中线向前经腹鳍中间剪至下颌。然后使鱼体侧卧,左侧向上,自肛门前的开口向背侧剪至脊柱,沿脊柱下方向前剪至鳃盖后缘,再沿鳃盖后缘剪至下颌,此时即可除去左侧体壁,使心脏和内脏暴露。用脱脂棉拭净或用清水冲洗器官周围的血迹及组织液,以便于观察。

（1）原位观察　在腹腔的前方,最后1对鳃弓后腹侧有一小腔,即为围心腔,以横隔与腹腔分开。心脏位于围心腔内。位于脊柱下方有一白色囊状结构为鳔,覆盖于前、后鳔室之间的三角形暗红色组织为肾脏的一部分。鳔的下方是长形的生殖腺,在雄性为乳白色的精巢,在雌性则为黄色的卵巢。在腹腔的下部盘曲的管道为肠管,在肠管之间的肠系膜上,有暗红色弥散状分布的肝胰脏,在肠管和肝胰脏之间,有一个细长的红褐色结构,此为脾脏。

(2)生殖系统　鱼类的生殖系统由生殖腺和生殖导管组成。

1)生殖腺　生殖腺外包有极薄的膜。雄性有精巢1对,性未成熟时往往呈淡红色,性成熟时为纯白色,呈扁长囊状;雌性有卵巢1对,性未成熟时为淡橙黄色,呈长带状,性成熟时呈微黄红色,呈长囊形,几乎充满整个腹腔,内有许多小的卵粒(卵细胞)。

2)生殖导管　生殖腺表面的膜向后延伸所形成的管道,在雄性即为输精管,在雌性则为输卵管。左、右输精管或输卵管在后端汇合后通入泄殖窦,泄殖窦以泄殖孔开口于体外。

雌性硬骨鱼类的卵巢与输卵管直接相连。这是硬骨鱼类的主要特征之一,此点不同于其他任何脊椎动物,在脊椎动物中是独一无二的。

观察完毕后,移去左侧生殖腺,以便观察消化系统。

(3)消化系统　鱼类的消化系统包括口腔、咽、食管、肠和肛门组成的消化道及肝胰脏和胆囊等消化腺体。此处主要观察食管、肠、肛门和胆囊。

1)食管　肠管最前端接于食管,食管很短,其背面有鳔管通入,并以此为食管和肠的分界点。

2)肠　用圆头镊子将盘曲的肠管展开。鲤鱼的肠为体长的2~3倍,肠的前2/3段为小肠,后部为大肠,最后一部分为直肠,直肠以肛门开口于臀鳍基部前方。但肠的各部外形区别不甚明显。

3)胆囊　为一暗绿色的椭圆形囊,位于肠管前部右侧,大部分埋在肝胰脏内,掀起肝胰脏,从胆囊的基部观察胆管如何通入肠的前部。

观察完毕,移去消化管及肝胰脏,以便观察其他器官。

4)鳔　为位于腹腔消化管背侧的银白色胶质囊,从头后一直伸展到腹腔后端,分为前、后2室。自后室的前端腹面发出一细长的鳔管,通入食管的背壁。

观察完毕,移去鳔,以便观察排泄器官。

(4)排泄系统　鲤鱼的排泄系统由肾脏、输尿管和膀胱组成。

1)肾脏　从系统发育来看,鱼类的肾脏属于中肾。肾脏紧贴于腹腔背壁正中线两侧,1对,为红褐色狭长形器官,在鳔的前、后室相接处,肾脏扩大,使此处的宽度最大。每侧肾脏的前端体积增大,向左右扩展,进入围心腔,位于心脏的背方。肾脏的这一部分称为头肾,是拟淋巴腺。

2)输尿管　自每侧肾脏最宽处各通出1根细管,即输尿管,沿腹腔背壁后行,在近末端处,2根管汇合,然后通入膀胱。

3)膀胱　两侧的输尿管后端汇合后,稍扩大形成的囊即为膀胱,其末端开口于泄殖窦。用镊子分别从臀鳍前的2个孔插入,观察其内侧与直肠或泄殖窦的位置关系,依此可在体外判断肛门和泄殖孔的开口。

(5)循环系统　本实验主要观察鲤鱼的心脏,血管系统从略。心脏位于两胸鳍之间的围心腔内,由1心室、1心房和1个静脉窦等组成。

1)心室　呈淡红色,其前端有1个白色、壁厚的圆锥形小球体,为动脉球。自动脉球向前发出1条较粗大的血管,为腹大动脉。

2)心房　位于心室的背侧,暗红色,薄囊状。

3)静脉窦　位于心房背侧面,暗红色,壁很薄,不易观察。

(6)呼吸系统　呼吸系统与循环系统的关系最为密切。鱼类以鳃完成呼吸作用。

1)口腔与咽　将剪刀伸入口腔,剪开口角,除掉鳃盖,以暴露口腔和鳃。

2)口腔　口腔由上、下颌包围而成,颌无齿,口腔背壁由厚的肌肉组成,腔底后半部有1个不能活动的三角形舌。

3)咽　口腔之后为咽部,其左、右两侧各有5个鳃裂,相邻鳃裂间生有鳃弓,共5对。第5对鳃弓特化成咽骨,其内侧着生咽齿。齿式为1.1.3/3.1.1。在下面观察鳃的步骤完成后,将外侧的4对鳃弓除去,暴露第5对鳃弓,可见咽齿与咽背面的基枕骨腹面角质垫相对,能夹碎食物。

4)鳃　鳃是鱼类的呼吸器官。鲤鱼的鳃由鳃弓、鳃耙、鳃片组成,鳃隔退化。

5)鳃弓　位于鳃盖之内,咽的两侧,共5对。每鳃弓内缘凹面生有鳃耙;第1~4对鳃弓外缘并排长有两列鳃片,第5对鳃弓没有鳃片。

6)鳃耙　为鳃弓内缘凹面上成行的三角形突起。第1~4对鳃弓各有两行鳃耙,左右互生,第1对鳃弓的外侧鳃耙较长。第5对鳃弓只有一行鳃耙。鳃耙有何功能?

7)鳃片　薄片状,鲜活时呈红色。每个鳃片称为半鳃,长在同一鳃弓上的2个半鳃合称为全鳃。剪下1个全鳃,放在盛有少量水的培养皿内,置体视显微镜下观察。可见每一鳃片由许多鳃丝组成,每一鳃丝两侧又有许多突起状的鳃小片,鳃小片上分布着丰富的毛细血管,是气体交换的场所。横切鳃弓,可见2个鳃片之间退化的鳃隔。

(7)神经系统(图12-2~图12-3)　从枕骨大孔的左上角和右上角处开始,用剪刀自后向前,剪开头部背面骨骼,再沿两纵切口的两端间横剪,小心地移去头部背面骨骼,用脱脂棉球吸去银色发亮的脑脊液,脑便显露出来。从脑的背面依次观察以下结构。

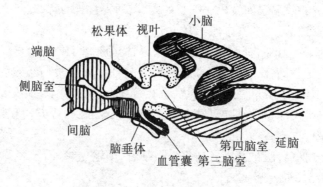

图12-2　鲤鱼脑的纵切面

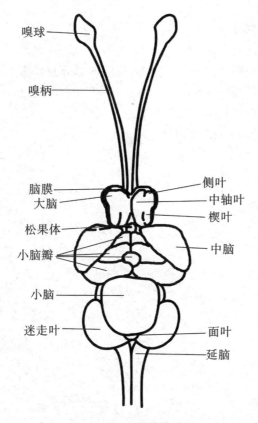

嗅球
嗅柄
脑膜
大脑
松果体
小脑瓣
小脑
迷走叶
侧叶
中轴叶
楔叶
中脑
面叶
延脑

图 12-3　鲤鱼脑的背面观

1）端脑　由嗅脑和大脑组成。大脑分为左、右 2 个半球,呈小球状,位于脑的前端,其顶端各伸出 1 条棒状的嗅柄,嗅柄末端为椭圆形的嗅球。

2）中脑　位于端脑之后,较大,受小脑瓣所挤而偏向两侧,各成半月形突起,又称视叶。用镊子轻轻托起端脑,向后掀起整个脑,可见在中脑位置的颅骨有 1 个陷窝,其内有一白色近圆形小颗粒,即为脑垂体(为一内分泌腺)。用小镊子揭开陷窝上的薄膜,取出脑垂体,可作进一步观察,或用于其他研究。

3）小脑　位于中脑后方,为一圆球形体,表面光滑,前方伸出小脑瓣突入中脑。

4）延脑　亦称延髓,是脑的最后部分,由 1 个面叶和 1 对迷走叶组成,面叶居中,其前部被小脑遮蔽,只能见到其后部,迷走叶较大,左、右成对,位于小脑之后的两侧。延脑的后部变窄,连接于脊髓。

5. 鲤鱼骨骼标本示范

观察鲤鱼或其他硬骨鱼类的整体骨骼标本,掌握鱼类骨骼系统的总体结构。

观察离散的脊椎骨标本,掌握鱼类的双凹形椎体的基本结构。

观察鲤鱼的韦伯尔氏器标本,理解鱼类听觉的传递过程。

【作业与思考题】

1. 根据原位观察,绘鲤鱼的内部解剖图,注明各部分的名称。
2. 熟悉鱼类的常用形态术语。
3. 查阅文献,理解硬骨鱼类与软骨鱼类的异同。
4. 掌握鱼类适应于水生环境的主要特征。

实验十三　两栖动物

两栖动物是一类原始、初次登陆、具有五趾型附肢的变温四足动物。这类动物的皮肤裸露,富有黏液腺;个体发育过程需经历变态阶段,即具有以鳃呼吸、生活于水中的幼体,在短期内完成变态,成体以肺呼吸并在陆地生活。

【实验目的】

1. 通过对蛙外形和内部结构的观察,了解两栖类的主要特征。
2. 掌握两栖动物对陆地生活的初步适应和不完善性。
3. 理解两栖动物在脊椎动物演化中的重要性。

【实验内容】

1. 青蛙或蟾蜍的外部形态观察。
2. 青蛙或蟾蜍的内部解剖与观察。
3. 青蛙或蟾蜍的骨骼系统观察。

【材料与用品】

显微镜、体视显微镜、解剖器械、解剖盘、脱脂棉、活体动物或浸泡标本、骨骼标本、皮肤切片标本等。

【操作与观察】

1. 青蛙的外部形态观察(13-1)

将活体青蛙或浸泡标本置于解剖盘内,观察其身体的外部形态。青蛙属无尾类两栖动物,其身体可分为头、躯干和四肢3部分。

(1)头　青蛙的头部扁平,略呈三角形,吻端稍尖。口宽大,横裂形,由上、下颌组成。上颌背侧前端有1对外鼻孔,外鼻孔外缘具鼻瓣。注意观察青蛙的鼻瓣如何运动。青蛙的眼大而突出,生于头的左、右两侧,具上、下眼睑,下眼睑内侧有一半透明的瞬膜。轻触眼睑,观察上、下眼睑和瞬膜是否活动,怎样活动? 当眼睑闭合时,眼球位置有何变动? 在两眼的后方,各有一圆形而平整的鼓膜。在雄蛙的口角后方,各有一浅褐色膜襞,即为声囊,鸣叫时可因充气而鼓胀。

(2)躯干　青蛙身体鼓膜之后的部分为躯干部。蛙的躯干部短而宽,躯干后端、两腿之间,偏背侧有一小孔,为泄殖腔孔。

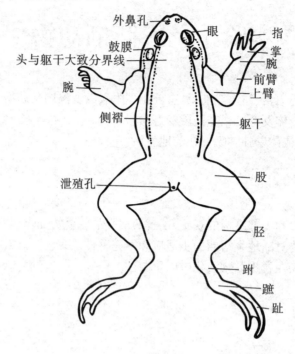

图 13-1　蛙的外形

(3)四肢　青蛙具有典型的五趾附肢。前肢短小,从近体侧起,依次可区分为上臂、前臂、腕、掌、指 5 个部分。具 4 指,指间无蹼,指端无爪。生殖季节雄蛙第 1 指基部内侧有一膨大突起,称为婚瘤,为抱对之用。后肢长而发达,从近体侧起,依次为股、胫、跗、蹠、趾 5 个部分。具 5 趾,趾间有蹼。在第 1 趾内侧,有一较硬的角质化突起,称踝状距。

(4)皮肤　青蛙身体背面的皮肤略粗糙,背中央常有 1 条窄而色浅的纵纹,两侧各有 1 条色浅的背侧褶。背面皮肤颜色变异较大,有黄绿、深绿、灰棕色等,并有不规则的黑斑。腹面皮肤光滑,呈白色。

用手抚摸活蛙的皮肤,有黏滑感,其黏液由皮肤腺分泌而来。

在显微镜下观察蛙的皮肤切片,可见皮肤由表皮和真皮组成。表皮可分为角质层和生发层。角质层裸露在体表,极薄,由扁平细胞组成。角质层下为柱状细胞构成的生发层。表皮中尚有腺体的开口和少量色素细胞。真皮位于表皮之下,其厚度约为表皮的 3 倍,由结缔组织组成,可分为紧贴表皮生发层的疏松层及其下方的致密层。真皮中有许多色素细胞、多细胞腺体、血管和神经末梢等分布。

2. **青蛙的内部解剖与观察**(图 13-2)

如果青蛙为活体,则需采用双毁髓法进行预处理。以左手握住青蛙,用示指压其头部使之尽量前俯。右手持解剖针,自枕骨大孔所在处(此处与两眼基本形成等边三角形)垂直刺入。解剖针头到达椎管后,转向前方刺入颅腔,不断划动以损毁脑组织。然后,将针头退出并转向尾侧,刺入椎管,划动以损毁脊髓。此时青蛙的呼吸动作停止,四肢松软,即可用于后续实验。若青蛙为浸泡标本,则略过此操作。

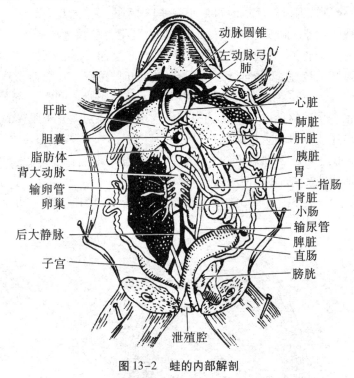

图 13-2　蛙的内部解剖

（1）肌肉系统　将蛙腹面向上置于解剖盘内,展开四肢。左手持镊,夹起腹面后腿基部之间泄殖腔孔稍前方的皮肤,右手持剪,剪开一切口,由此处沿腹中线向前剪开皮肤,直至下颌前端。然后在肩带处向两侧剪开并剥离前肢皮肤;在股部做一环形切口,剥去皮肤至足部。观察腹壁和四肢的主要肌肉。

1）腹壁表层主要肌肉

● 腹直肌　位于腹部正中,幅度较宽的肌肉,肌纤维纵行,起于耻骨联合,止于胸骨。该肌被其中央纵行的结缔组织白线（腹白线）分为左、右两半,每一半又被横行的 4~5 条腱划分为数节。

● 腹斜肌　位于腹直肌两侧的薄片肌肉,分内、外 2 层。腹外斜肌纤维由前背侧向腹后方斜行。轻轻划开腹外斜肌,可见到其内层的腹内斜肌,腹内斜肌纤维走向与腹外斜肌恰相反。

● 胸肌　位于腹直肌前方,呈扇形。起于胸骨和腹直肌外侧的腱膜,止于肱骨。

2）前肢肱部肌肉

● 肱三头肌　位于肱部背面,为上臂最大的一块肌肉。起点有 3 个肌头,分别起于肱骨近端的上、内表面、肩胛骨后缘和肱骨的外表面,止于桡尺骨的近端。肱三头肌是伸展和旋转前臂的重要肌肉。

3）后肢肌肉　主要观察股部（大腿部）的主要肌肉。

● 股薄肌　位于大腿内侧,几乎占据大腿腹面的一半,可使大腿向后和小腿伸屈。

● 缝匠肌　位于大腿腹面中线的狭长带状肌,肌纤维斜行,起于髂骨和耻骨愈合处的前缘,止于胫腓骨近端内侧。收缩时可使小腿外展、大腿末端内收。

● 股三头肌　位于大腿外侧最大的一块肌肉,可将青蛙翻过身来,从背面观察。可见该肌肉的起点有 3 个肌头,分别起自髂骨的中央腹面、后面,以及髋臼的前腹面,其末端以共同的肌腱越过膝关节、止于胫腓骨近端下方。收缩时,可使小腿前伸和外展。

● 股二头肌　为一狭条形肌肉,介于半膜肌和股三头肌之间且大部分被它们覆盖。起于髂骨背面正当髋臼的上方,末端肌腱分为 2 个部分,分别附着于股骨的远端和胫骨的近端。收缩时能屈曲小腿和上提大腿。

● 半膜肌　位于股二头肌后方的宽大肌肉,起于坐骨联合的背缘,止于胫骨近端。收缩时能使大腿前屈或后伸,并能使小腿屈曲或伸展。

(2)口咽腔(图 13-3)　口咽腔为消化和呼吸系统共同的器官。

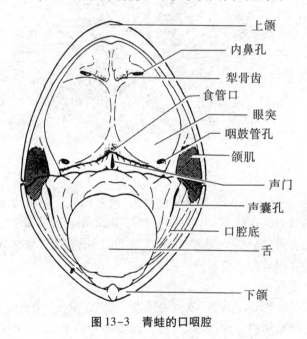

上颌

内鼻孔

犁骨齿

食管口

眼突

咽鼓管孔

颌肌

声门

声囊孔

口腔底

舌

下颌

图 13-3　青蛙的口咽腔

1)舌　以左手持镊,将蛙的下颌拉下,可见口腔底部中央有一柔软的肌肉质舌,其基部着生在下颌前端内侧,舌尖向后伸向咽部。右手用镊子轻轻将舌从口腔内向外翻拉出展平,可看到蛙的舌尖分叉,用手指触及舌面有黏滑感。

用剪刀剪开左、右口角至鼓膜下方,令口咽腔全部露出。

2)内鼻孔　为 1 对椭圆形孔,位于口腔顶壁近吻端处,取 1 根鬃毛从外鼻孔穿入,可见鬃毛由内鼻孔穿出。

3)齿　沿上颌边缘有 1 行细而尖的牙齿,齿尖向后,即颌齿;在 1 对内鼻孔之间有两丛细齿,为犁齿。

4)耳咽管孔　位于口腔顶壁两侧、口角附近的 1 对大孔,为耳咽管开口,用镊子由此孔轻轻探入,可通到鼓膜。

5)声囊孔　在雄蛙口腔底部两侧近口角处、耳咽管孔稍前方,各有 1 个小孔即声囊孔。

6)喉门　在舌尖后方,咽的腹面有一圆形突起,该突起由 1 对半圆形勺状软骨构成,两软骨间的纵裂即喉门,是喉气管室在咽部的开口。

7)食道口　在喉门的背侧,咽的最后部位即食管前端的开口,为一皱襞状开口。

观察完口咽腔后,用镊子将两后肢基部之间的腹直肌后端提起,用剪刀沿腹中线稍偏左,自后向前剪开腹壁(这样不致损毁位于腹中线上的腹静脉)。剪至剑胸骨处时,再沿剑胸骨的两侧斜剪,剪断乌喙骨和肩胛骨。用镊子轻轻提起剑胸骨,仔细剥离胸骨与围心膜间的结缔组织,注意勿损伤围心膜,最后剪去胸骨和胸部肌肉。

将腹壁中线处的腹静脉从腹壁上剥离开,再将腹壁向两侧翻开,用大头针固定在蜡盘上。此时可见位于体腔前端的心脏,心脏两侧的肺,心脏后方的肝脏,以及胃、膀胱等器官。

(3)消化系统

青蛙的消化系统由消化道和消化腺组成。

1)消化道　包括口、口咽腔、食道、胃、肠、泄殖腔等部分。口为消化道最前端的开口;口咽腔前已述及。

● 食道　亦称食管。将心脏和左叶肝脏推向右侧,用钝头镊子自咽部的食管口探入,可见心脏背方乳白色短管与胃相连,此管即食管。

● 胃　为食管后端所连的 1 个形稍弯曲的膨大囊状体,部分被肝脏遮盖。胃与食管相连处称贲门;胃与小肠交接处紧缩变窄,为幽门。胃内侧的小弯曲,称胃小弯,外侧的弯曲称胃大弯,胃的中间部称胃底。

● 肠　可分小肠和大肠两部分。小肠自幽门之后开始,向右前方伸出的一段为十二指肠,其后段向右后方弯转,并继而盘曲在体腔右后部,为回肠。大肠接于回肠之后,膨大而陡直,又称直肠。在直肠前端的肠系膜上,有一红褐色的球状物,即脾,为淋巴器官,与消化系统无关。

● 泄殖腔　直肠向后通泄殖腔,以泄殖腔孔开口于体外。

2)消化腺　青蛙的主要消化器官包括肝脏、胰脏。

● 肝脏　红褐色,位于体腔前端,心脏的后方,由较大的左、右 2 叶和较小的中叶组成。在中叶背面、左右 2 叶之间有一个的绿色球形小体,即为胆囊。用镊子夹起胆囊,轻轻向后牵拉,可见胆囊前缘向外发出 2 根胆囊管,1 根与肝管连接,接收肝脏分泌的胆汁;1 根与总输胆管相接,胆汁经总输胆管进入十二指肠。提起十二指肠,用手指挤压胆囊,可见有暗绿色的胆汁经总输胆管而入十二指肠。

● 胰脏　为一条形长不规则的呈淡红色或黄白色的腺体,位于胃和十二指肠弯曲处的肠系膜上。

(4)呼吸系统　青蛙的成体以肺和皮肤作为呼吸器官。呼吸系统包括鼻腔、口腔、喉气管室和肺等器官,其中鼻腔和口咽腔已观察过。

1)喉气管室　以左手持镊,将心脏轻轻向后移,右手用钝头镊子自咽部喉门处通入,可见心脏背侧一短粗而略透明的管子,即为喉气管室,其后端通入肺。

2）肺　为位于心脏两侧的 1 对粉红色、近椭圆形的薄壁囊状结构。剪开肺壁,可见其内表面呈蜂窝状,其上密布微血管。

（5）排泄系统　青蛙以中肾执行排泄功能。

1）肾脏　在深化上属于中肾。为 1 对红褐色长而扁平分叶的器官,位于体腔后部,紧贴背壁脊柱的两侧。将其表面的体腔膜剥离开,即清楚可见（肾的腹缘有 1 条橙黄色的肾上腺,为内分泌腺体）。

2）输尿管　由每侧的肾脏外缘近后端发出的 1 对薄壁的灰色细管,即为输尿管。两条输尿管向后伸延,分别通入泄殖腔的背壁。

3）膀胱　为位于体腔后端腹面中央,连附于泄殖腔腹壁的 1 个 2 叶状薄壁囊。膀胱被尿液充盈时,其形状明显可见,当膀胱空虚时,用镊子将它放平展开,也可看到其形状。

4）泄殖腔　为尿（排泄系统）、生殖细胞（生殖系统）和粪（消化系统）最终排出的共同通道,以单一的泄殖腔孔开口于体外。沿腹中线剪开耻骨,进一步暴露泄殖腔,剪开泄殖腔的侧壁并展开腔壁,用放大镜观察腔壁上输尿管、膀胱以及雌蛙输卵管通入泄殖腔的位置。

（6）生殖系统　青蛙为雌雄异体,生殖系统结构分述如下。

1）雄性

• 精巢　1 对,位于肾脏腹面内侧,近白色,卵圆形,其大小随个体和季节的不同而有差异。

• 输精小管和输精管　用镊子轻轻提起精巢,可见由精巢内侧发出的许多细管即输精小管,它们通入肾脏前端。雄蛙的输尿管兼有输精作用。

• 脂肪体　位于精巢前端的黄色指状体,其体积大小在不同季节变化很大。

2）雌性

• 卵巢　1 对,位于肾脏前端腹面。卵巢的形状、大小因季节不同而变化很大,在生殖季节极度膨大,内有大量黑色卵,未成熟时呈淡黄色。

• 输卵管　为 1 对长而迂曲的管子,呈乳白色,位于输尿管外侧。其前端以喇叭状开口于体腔;后端在接近泄殖腔处膨大成囊状,称为“子宫”,“子宫”开口于泄殖腔背壁。

• 脂肪体　1 对,与雄性的脂肪体相似,黄色,指状,临近冬眠季节时体积较大。

（7）循环系统　因为肺呼吸的出现,青蛙成体的血液循环方式为不完全的双循环。因此,其循环系统与鱼类相比,有了明显的改变。

1）心脏及其周围血管　心脏位于体腔前端胸骨背面,被包在围心腔内,其后是红褐色的肝脏。在心脏腹面用镊子夹起半透明的围心膜并剪开,心脏便暴露出来。从腹面观察心脏的外形及其周围血管。

• 心房　为心脏前部的 2 个薄壁、有皱襞的囊状体,左、右各 1 个。

• 心室　1 个,连于心房之后的厚壁部分,圆锥形,心室尖朝向后方。在两心房和心室交界处有一明显的凹沟,称为冠状沟。紧贴冠状沟处,有黄色的脂肪体。

• 动脉圆锥　由心室腹面右上方发出的 1 条较粗的肌质管,色淡。其后端稍膨大,与心室相通。其前端分为 2 支,即左、右动脉干。

• 静脉窦　用镊子轻轻提起心尖,将心脏翻向前方,观察心脏背面,可见静脉窦。静脉窦为心脏背面的 1 个暗红色三角形的薄壁囊。在心房和静脉窦之间有 1 条白色半月形界限即窦房沟。其左右 2 个前角分别连接左右前大静脉,后角连接后大静脉。静脉窦开口于右心房。在静脉窦的前缘左侧,有很细的肺静脉注入左心房。

如实验材料为处于繁殖季节的青蛙,可将雌性体内的卵巢摘除后,再观察血管系统。

2)动脉系统　用镊子仔细剥离心脏前方左右动脉干周围的肌肉和结缔组织,可见左右动脉干穿出围心腔后,每支又分成 3 支,即颈(总)动脉弓、体动脉弓和肺皮动脉弓。

● 颈(总)动脉弓及其分支　颈(总)动脉弓是由动脉干发出的最前面的 1 支血管。沿血管走向,用镊子清除其周围的结缔组织,即可见此血管前行不远,便分为颈外动脉和颈内动脉 2 支。①颈外动脉:由颈(总)动脉内侧发出,较细而直,向前分布于下颌和口腔壁。②颈内动脉:由颈(总)动脉外侧发出的 1 支较粗的血管,其基部膨大成椭圆形,称为颈动脉腺,此腺体有何作用?颈内动脉继续向外前侧延伸到脑颅基部,再分出血管,分布于脑、眼、上颌等处。

● 肺皮动脉弓　由动脉干发出的最后的 1 支动脉弓,向背外侧斜行。仔细剥离其周围结缔组织,可见此动脉又分为粗细不等的 2 支。①肺动脉:较细,直达肺囊,再沿肺囊外缘分散成许多微血管,分布到肺壁上;②皮动脉:较粗,先向前伸,然后跨过肩部穿入背面,以微血管分布到体壁皮肤上。

● 体动脉弓及其分支　体动脉弓是从动脉干发出的 3 支动脉的中间 1 支,最粗。左右体动脉弓前行不远就绕过食管两旁转向背侧,沿体壁后行到肾脏的前端,汇合成 1 条背大动脉,将胃肠轻轻翻向右侧,即可见到汇合处。背大动脉自前向后延伸,途中再行分支。

左、右体动脉弓汇合前发出的主要分支依前后顺序有:①喉动脉,是由体动脉弓内侧靠颈动脉弓起点处分出的 1 支很细的动脉,通到喉部腹壁。用镊子将体动脉弓与颈动脉弓分叉处的血管略向外侧掀开即可见到。②枕椎动脉,沿体动脉弓弯转背面的走向继续剥离,可见自体动脉弓外侧发出 1 支小血管,此即枕椎动脉。它前行不远即分为 2 支,1 支向前行分布于头部,称为枕动脉;另 1 支向后行称为椎动脉,分布于脊髓、脊神经及背部皮肤和肌肉。③锁骨下动脉,为体动脉弓发出的 1 支较粗的血管,靠近枕椎动脉的外后方,向外斜行进入前肢成为肱动脉。

左、右体动脉弓汇合成背大动脉后,由前至后端,沿途发出的分支有:①腹腔肠系膜动脉,为背大动脉在体腔内的第一个分支,是从背大动脉基部腹面发出的 1 支较粗短的血管(有时此动脉在两体动脉弓汇合之前,从左体动脉弓上发出)。此血管随即分为前后2 支,前支称为腹腔动脉,它再行分支分布到胃、肝、胰和胆囊;后支称为前肠系膜动脉,分布到肠系膜、肠、脾和泄殖腔处。②泄殖动脉,是背大动脉后行经过两肾之间时,从其腹面发出的多对细小的血管,分布到肾脏、生殖腺和脂肪体上。观察时,用镊子轻轻将背大动脉腹侧的后大静脉和肾静脉略挑起,便可清楚地看到。③腰动脉,在荐部从背大动脉背侧发出的 1~4 对细小的动脉。将左肾翻向体腔右侧,用镊子轻轻挑起背大动脉,可见这些小血管分布到体壁的背壁。④后肠系膜动脉,继续沿背大动脉远端追踪,可见从背大动脉近末端(分叉处前)的腹面发出 1 条很细的血管,分布到后部的肠系膜、直肠(雄性)或子宫(雌性)上,此即后肠系膜动脉。⑤髂总动脉,将内脏推向体腔的一侧,可见背大动脉在尾杆骨中部分成左右两大支,即左、右髂总动脉,分别进入左、右后肢。沿腹中线剪断耻骨,沿一侧髂总动脉走行,分离大腿基部肌肉,可见此动脉进入大腿后又分成2支;外侧支细小,称为股动脉或髂外动脉,分布于大腿前部的肌肉和皮肤上;内侧支粗大,称为臀动脉或髂内动脉,它先与坐骨神经伴行,至膝弯处又行分支,分布到小腿的内、外侧。

　　3)静脉系统　　静脉多与动脉并行。可分为肺静脉、体静脉和门静脉3组,分别观察。

　　●肺静脉　　用镊子提起心尖,将心脏折向前方,可见左右肺的内侧各伸出1根细的静脉,右边的略长,在近左心房处,2支细静脉汇合成1支很短的总肺静脉,通入左心房。

　　●体静脉　　包括左右对称的1对前大静脉和1条后大静脉。将心脏折向前方,于心脏背面观察。位于心脏两侧,分别通入静脉窦左右角的2支较粗的血管,即左、右前大静脉,通入静脉窦后角的1支粗血管,即后大静脉。

　　前大静脉:每侧前大静脉由心脏前侧方的3支静脉汇合而成。①颈外静脉,位于最前方,接受来自颈部和舌部的静脉血,与颈外动脉并行;②无名静脉,中间1支,由来自外侧方的2支合成,1支为颈内静脉,来自脑匣,与颈内动脉并行,另1支为肩胛下静脉,接受肩部和前臂的许多小支流;③锁骨下静脉,为3支中最大的1支,位于最后,由来自前肢的臂静脉和收集皮肤血液的肌皮静脉汇合而成,与锁骨下动脉并行。

　　后大静脉:将肠翻向右侧,可看到肠背侧有1条纵行的粗大静脉,即后大静脉。它起于两肾之间,在背大动脉的腹面,沿背中线前行,进入静脉窦的后角。由后向前沿途接受以下的静脉:①生殖腺静脉,卵巢静脉或精巢静脉,是由卵巢或精巢发出的2～4对小血管,或先入肾静脉,或直接进入后大静脉,此血管较细,一般不易观察到;②肾静脉,由每个肾内侧发出的4～6条血管,汇入位于两肾之间的后大静脉,肝静脉由肝脏发出的左右各1条短而粗的血管,进入后大静脉接近静脉窦的部位。

　　●门静脉　　包括肾门静脉和肝门静脉。它们接受来自后肢和消化器官的静脉,汇入肾脏和肝脏,并在肾脏和肝脏中再度分散成毛细血管。

　　肾门静脉:是位于左右肾脏外缘的1对静脉。沿一侧肾脏外缘向后追踪,可见此血管由来自后肢的2条静脉,即臀静脉和髂静脉汇合而成,髂静脉为股静脉的1个分支。①臀静脉,位于大腿基部内侧的1条血管,较细,与臀动脉并行;②股静脉,位于大腿外侧的1条较粗的静脉,在大腿基部分成内外2支进入体腔,内侧的1支为骨盆静脉,外侧的1支称为髂静脉,髂静脉和臀静脉汇合成肾门静脉,肾门静脉在肾脏外缘接受1支来自体壁的背腰静脉后,分成许多小支入肾,再分散成微血管。

　　肝门静脉:将肝脏翻折向前,可见肝后面的肠系膜内有1条短而粗的血管入肝,此即肝门静脉。仔细向后分离追踪,可见此血管是由来自胃和胰的胃静脉、来自肠和系膜的肠静脉和来自脾脏的脾静脉汇合而成的。肝门静脉前行至肝脏附近与腹静脉合并入肝。腹静脉位于腹壁中线处,是介于腹肌白线和腹腔膜之间的1条静脉,其后端由来自后肢的左右骨盆静脉汇合而成。此静脉沿腹中线前行至剑胸骨附近,离开腹壁转入体腔。将肝脏翻折向前,可见腹静脉伸到肝,在胆囊左方分成3支,其中2支分别入肝的左、右叶,1支汇入肝门静脉。

　　观察血管的分布之后,用镊子提起心脏,用剪刀将心脏连同一段出入心脏的血管剪下,用水将离体心脏冲洗干净,置体视显微镜下,用手术刀切去心室、心房和动脉圆锥的腹壁,观察心脏和动脉圆锥的内部结构。

4)心脏的内部结构　瓣膜在心房和心室之间有一房室孔,以沟通心室和心房。在房室孔周围可见有 2 片较大和 2 片较小的膜状瓣,称房室瓣。在心室和动脉圆锥之间也有1 对半月形的瓣膜,称半月瓣。可用镊子轻轻提起瓣膜观察。此外,在动脉圆锥之间也有1 个腹面游离的纵行瓣膜,称螺旋瓣。

在左、右心房的背壁上寻找肺静脉通入左心房的开口和静脉窦通入右心房的开口,用鬃毛分别从这两个开口探入肺静脉和静脉窦,观察血液通道的走向。

3.示范标本

(1)青蛙或蟾蜍的皮肤切片标本。

(2)青蛙或蟾蜍的整体或离散骨骼标本。

【作业与思考题】

1.绘蛙心脏外形图(腹面观),并注明各部分的名称。

2.简述两栖动物对陆生的初步适应与不完善性。

3.根据实验观察,说明不同类型血管的形态及其生理功能。

4.掌握五趾附肢的结构特征及其在动物进化中的意义。

实验十四　鸟　类

鸟类是体表被羽、恒温、卵生的羊膜动物和恒温动物。鸟类的前肢特化为翼,具有飞翔能力;鸟类的骨骼为气质骨,并有明显的愈合现象;具有特殊的双重呼吸。鸟类是现生脊椎动物中的第二大类群,可分为游禽、涉禽、攀禽、走禽、猛禽、鸣禽等生态类型,栖息于多种环境中。

【实验目的】

1. 学习和掌握鸟类的解剖技术。
2. 掌握鸟类的形态特征和主要器官、系统的结构特点。
3. 掌握鸟类适应于飞翔生活的特征。

【实验内容】

1. 家鸡(或家鸽)的外部形态、羽的形态与结构观察。
2. 家鸡(或家鸽)的内部解剖与观察。
3. 鸟类的骨骼系统结构与特征观察。

【材料与用品】

解剖器械、解剖盘、骨剪、脱脂棉、注射器、玻璃管、棉线、家鸡(或家鸽)、骨骼标本、体视显微镜、载玻片等。

【操作与观察】

1. 家鸡的外部形态观察

家鸡的身体呈流线型外廓,体外被羽。可分为头、颈、躯干、尾、附肢等部分。头之前端为一长形的喙,由上、下颌延伸而成。上喙的基部有裂缝状的外鼻孔。眼有上、下眼睑及瞬膜。于眼的后下方为耳,鸟类已有外耳道形成,但一般为羽所掩盖而不易看到。颈长而易于弯曲。躯干略呈卵圆形并有2对附肢,前肢特化为翼,后肢的下端部分被覆角质鳞,趾4个。尾缩短成小的肉质突起,在尾的背面有尾脂腺,尾基腹面有泄殖腔孔。

根据形态结构特点,可将羽分为3种类型。①正羽:即覆盖在体外的大型羽片;②绒羽:位于正羽下面,松散似绒;③纤羽(毛羽):外形如毛发,拔去正羽和绒羽后即可见到,在逆光条件下易于观察。

2. 家鸡的内部解剖与观察

(1)预处理 可选择以下 4 种方法之一,对拟观察和解剖的家鸡(或家鸽)进行预处理。

1)一手握住家鸡的双翼并紧压其腋部,另一手以拇指和示指压住鼻孔,中指托住其颏部,封闭其鼻孔与口,使其窒息。

2)将家鸡的整个头部浸入水中,使其窒息。

3)用脱脂棉蘸少量乙醚,缠于家鸡的喙部,使其被深度麻醉。

4)静脉注射空气。用注射器从翼腹面肱骨与桡骨之间的静脉注入 5~10 mL 空气。

(2)解剖与观察 将家鸡以背位置于解剖盘中,用水打湿腹侧的羽,拔去颈、胸和腹部的羽。用手术刀沿龙骨突起切开皮肤,切口前至嘴基,后至泄殖腔孔前缘。用刀柄分离腹面的皮肤和肌肉,向两侧拉开皮肤,即可看到气管、食管、嗉囊和胸大肌。

沿龙骨两侧及叉骨边缘小心切开胸大肌,留下肱骨上端肌肉止点处,下面即露出胸小肌,用同样方法把它切开。试牵动胸大肌和胸小肌,观察其与翼升、降的关系,比较胸大肌与胸小肌的功能。沿着胸骨与肋骨连接处,用骨剪剪断肋骨,同时也剪断乌喙骨与叉骨的连接处,再向后剪开腹壁,直至泄殖腔孔的前缘。将胸骨与乌喙骨等除去。此时,可首先观察几对气囊及内脏器官的自然位置。然后依次观察下列各器官、系统。

1)消化系统 家鸡的消化系统由消化道和消化腺组成。

• 消化道

口腔:口腔内无齿,顶部有一纵裂,内有内鼻孔。底部有舌,舌的前端角质化。口腔后部为咽。

食管:为咽后的一薄壁长管,在颈的基部膨大成嗉囊。

胃:由腺胃和肌胃组成。腺胃上端与嗉囊相连,呈长纺锤形,掀开肝脏即可见到。剪开腺胃观察,内壁上有许多乳状突,其上有消化腺开口。肌胃又称砂囊,为一扁圆形肌肉囊。剖开肌胃,可见胃壁为很厚的肌肉壁,其内表面覆有硬的角质膜,呈黄绿色,胃内有许多砂石颗粒。

十二指肠:在腺胃和肌胃交界处,由肌胃通出一小段呈"U"形弯曲的小肠。

小肠:细长而盘曲,最后与直肠相连通。

直肠(大肠):短而直,末端开口于泄殖腔。在直肠与小肠交界处,有 1 对盲肠。

• 消化腺

肝脏:呈红褐色,位于心脏后方。分左、右 2 叶。掀开右叶,从其背面近中央处伸出 2 条胆管,通入十二指肠。

胰脏:略展开十二指肠"U"形弯曲之间的肠系膜,可见有淡黄色的胰脏,分为背叶、腹叶、前叶等 3 叶。由腹叶发出 2 条、背叶发出 1 条胰管,通入十二指肠。

在肝胃间的系膜上有一紫红色、近椭圆形的器官,即脾脏,为造血器官。

2)呼吸系统 家鸡的呼吸系统由呼吸道和肺组成,并有发达的气囊。气体交换在微支气管进行,具有特殊的双重呼吸。

• 外鼻孔 1 对,开口于蜡膜的前下方。

• 内鼻孔 位于口腔顶部中央纵行沟内。

- 喉　位于舌根之后,中央的纵裂为喉门。
- 气管　由环状软骨环支撑,向后分为左、右两支气管入肺。左、右支气管分叉处有一较膨大的鸣管,是鸟类特有的发声器。
- 肺　分左、右 2 叶,淡红色,海绵状,紧贴在胸腔背侧的脊柱两侧。
- 气囊　膜状囊,分布于颈、胸、腹和骨骼的内部。共 9 个。因气囊的壁很薄,极易破裂,如欲详细观察,应于其他系统之前观察。为此,可于解剖前向肺和气囊内充气并扎紧颈部以免气体泄露,使气囊膨胀、便于观察。

3) 循环系统 (图 14-1)

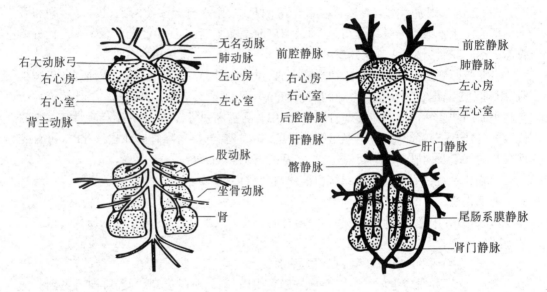

图 14-1　家鸽的循环系统
左:动脉　右:静脉

- 心脏　在胸腔内,用镊子拉起心包膜,纵向剪开并除去心包膜即可观察心脏的结构。前面褐红色的扩大部分是心房,后面颜色较浅者为心室。观察动、静脉系统后,取下心脏进行解剖,观察其内部构造。
- 动脉系统　稍提起心脏,可见由左心室发出向右弯曲的右体动脉弓,向前分出 2 支较粗的无名动脉。轻轻提起右侧无名动脉,将心脏略往下拉,可见右体动脉弓转向背侧后,成为背大动脉。背大动脉沿脊柱后行,沿途发出许多血管分布到身体各处。再将左、右无名动脉略向上提起,可见右心室发出的肺动脉分成左、右 2 支后,左肺动脉直接进入左肺,右肺动脉绕向背侧,从主动脉弯曲处后面进入右肺。
- 静脉系统　体静脉由 2 条前大静脉和 1 条后大静脉构成,在左、右心房前方粗而短的静脉干为前大静脉,它由颈静脉、锁骨下静脉和胸静脉汇合而成,这些静脉多与同名动脉伴行,较容易看到。将心脏提起,可见 2 条前大静脉的后端进入右心房;后大静脉从肝脏伸出,在 2 条前大静脉之间进入右心房。肺静脉由每侧肺伸出,通常每侧肺有 1 条肺静脉,但有时有 2 条,都伸到前大静脉的背方,进入左心房。

取出心脏纵剖开,仔细观察鸟类的心脏是否为完全隔开的两心房及两心室?

4)排泄系统　家鸡以后肾执行排泄功能。自爬行动物开始的脊椎动物均以后肾作为排泄器官。

● 肾脏　1 对,呈紫褐色,长扁形,各分为 3 叶,贴附于体腔背壁。

● 输尿管　由每侧的肾脏各发出 1 条细管,即为输尿管。输尿管向后行,通入泄殖腔。所有鸟类均无膀胱。

● 泄殖腔　为消化、排泄、生殖系统最终共同汇入的 1 个囊状结构。泄殖腔以泄殖腔孔与外界相通。在泄殖腔背面,有一黄色圆形盲囊,与泄殖腔相通,称为腔上囊,这是鸟类特有的淋巴器官。

5)生殖系统　家鸡为雌雄异体,生殖系统的特征简列于后。

● 雄性　精巢 1 对,乳白色,卵圆形,位于肾脏前端。输精管由精巢后内侧伸出,向后延伸,细长而弯曲,与输尿管平行进入泄殖腔,在接近泄殖腔处膨大为储精囊。精巢和输精管之间有不明显的附睾。

● 雌性　鸟类的右侧卵巢、输卵管退化。左侧卵巢位于左侧肾脏的前端,呈黄色。卵巢后方附近有弯曲的输卵管,其前端为喇叭口,靠近卵巢,开口于腹腔,后端通入泄殖腔。

6)神经系统(图 14-2)　鸟类的脑与爬行类的脑不同,其体积很大,且很紧凑,大脑半球和视叶及小脑均很发达,但嗅叶很小。脑的弯曲表现得很明显,视叶由于小脑和大脑的发达而移向两侧。小脑由蚓部及两小脑卷构成,前部与大脑半球相接,而其后部掩盖了延脑的大部分,蚓部表面有许多横沟。

脊髓在臂部和腰部各有膨大的部分,由此发出臂神经丛与腰神经丛,而伸向前肢和后肢,在腰部膨大处的背面有一菱形沟窝。

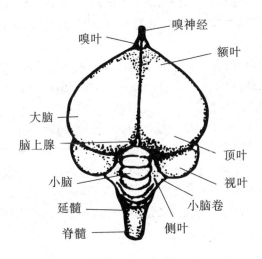

图 14-2　家鸽脑的背面观

3. 示范标本

（1）家鸡或家鸽的骨骼系统标本。

（2）家鸡或家鸽的颈椎标本示异凹型椎体。

（3）正羽的显微结构，示羽小枝、羽小钩等。

4. 鸟类的形态特征与生活方式和环境的适应

（1）外形测量

1）体长　嘴端至尾端（通常在未剥制前测量）。

2）嘴峰长　自嘴基（不包括蜡膜）至上喙先端的直线距离。

3）翼长　自翼角（腕关节）至最长飞羽先端的直线距离。

4）尾长　自尾羽基部至最长尾羽末端的直线距离。

5）跗蹠长　自跗关节中点至跗蹠与中趾关节前面最下方整片鳞下缘的直线距离。

（2）形态观察　利用实验材料，对照鸟纲常用的分类术语，总结特定结构对环境的适应性。常用的鸟类分类术语如下。

1）翼

• 飞羽　初级飞羽（着生于掌骨和指骨）；次级飞羽（着生于尺骨）；三级飞羽（着生于肱骨）。

• 覆羽　初级覆羽（位于初级飞羽基部）；次级覆羽（位于次级飞羽基部）。

2）后肢

• 跗蹠部　位于胫部与趾部之间，或被羽，或着生鳞片。鳞片的形状分为 3 类：①盾状鳞呈横鳞状；②网状鳞呈网眼状；③靴状鳞呈整片状。

• 趾部　通常为 4 趾，依其排列的不同，可分为：常态足，3 趾向前，一趾向后（大趾）；对趾型，2，3 趾向前，1，4 趾向后；异趾型，3，4 趾向前，1，2 趾向后；并趾型，前趾的排列如常态足，但向前 3 趾的基部并连；前趾型，4 趾皆向前方；离趾型，各趾排列如常态足，但后趾与中趾等长。

• 蹼　水禽及涉禽具有，分为：①满蹼，前趾间具发达的蹼膜；②凹蹼，与满蹼相似，但蹼膜向内凹入；③全蹼，四趾间均有蹼膜相连；④半蹼，蹼退化，仅在趾间基部存留；⑤瓣蹼，趾两侧附有叶状蹼膜。

3）尾　根据中央尾羽（位于尾中央的 1 对尾羽）与外侧尾羽的长度差异，可将鸟类的尾划分为不同的尾型。①平尾：中央、外侧尾羽长短相等；②圆尾：中央尾羽略长，但相差不显著；③凸尾：中央尾羽较长，外侧尾羽较短，二者差异较大；④楔尾：中央尾羽长，外侧尾羽短，二者相差更大；⑤尖尾：中央尾羽极长；⑥凹尾：中央尾羽略短，与外侧尾羽相差甚少；⑦燕尾：中央尾羽短，外侧尾羽长，二者相差较显著；⑧铗尾：中央尾羽极短，外侧尾羽短，二者相差极显著。

【作业与思考题】

1. 绘家鸡正羽的基本结构图,并注明各部分的名称。
2. 通过实验观察,归纳鸟类适应飞翔生活的特征。
3. 理解鸟类颈椎椎体的异凹型(马鞍型)结构特点与颈部灵活性的关系。
4. 掌握鸟类双重呼吸的原理及其意义。
5. 分析羊膜卵在动物进化中的重要性。

实验十五　哺乳动物

哺乳动物是全身被毛、运动快速、恒温、胎生、哺乳的脊椎动物,也是动物界进化最为高等的动物类群。哺乳动物身体结构复杂,具有区别于其他脊椎动物类群的大脑结构、恒温系统和循环系统、适应能力。从分类学角度来说,人类即属于哺乳动物。

【实验目的】

1. 学习并掌握哺乳动物的解剖方法。
2. 掌握哺乳动物的进步性特征。
3. 了解动物形态结构与功能的相互关系。

【实验内容】

1. 家兔的外部形态观察。
2. 家兔的内部解剖与观察。
3. 家兔的骨骼系统和皮肤衍生物观察。

【材料与用品】

解剖器械、解剖盘、脱脂棉、骨剪、注射器、棉线、活体动物、骨骼标本、切片或装片标本、显微镜、体视显微镜等。

【操作与观察】

1. 家兔的外部形态观察

家兔全身被毛,毛可分为针毛、绒毛和触毛(触须)。针毛长而稀少,有毛向;绒毛位于针毛下面,细短而密,无毛向;在眼的上下和口鼻周围有长而硬的触毛。思考体表被毛与哺乳动物的恒温机制有何联系?

家兔的身体可分为头、颈、躯干、四肢和尾5个部分。

(1)头　家兔的头呈长圆形,眼之前为颜面区,眼之后为头颅区。眼有能活动的上、下眼睑和退化的瞬膜,可用镊子从眼前角将瞬膜拉出。眼后有1对长的外耳壳。头前端背侧有鼻孔1对,鼻下为口,口缘围以肉质而能动的唇。上唇中央有一纵裂,将上唇分为左、右两部分。因此,家兔的唇常微微分开而露出门齿。

(2)颈　头后有明显的颈部,但较短。

（3）躯干部　家兔的躯干较长，可分胸、腹和背部。背部有明显的腰弯曲。胸、腹部以体侧最后一根肋骨为界。仔细观察腹部，可见雌兔胸腹部有 3～6 对乳头（以 4 对居多），但幼兔和雄兔不明显。近尾根处有肛门和泄殖孔，肛门靠后，泄殖孔靠前。肛门两侧各有一无毛区称为鼠蹊部，鼠蹊腺开口于此，家兔特有的气味即此腺体分泌物。雌兔泄殖孔称为阴门，阴门两侧隆起形成阴唇。雄兔泄殖孔位于阴茎顶端，成年雄兔肛门两侧有 1 对明显的阴囊，生殖时期，睾丸由腹腔坠入阴囊内。

（4）四肢　位于身体的腹面，出现了肘（关节）和膝（关节）。前肢短小，肘部向后弯曲，具 5 指；后肢较长，具 4 趾，第 1 趾退化，指（趾）端具爪，膝部向前弯曲。

（5）尾　家兔的尾短小，位于躯干部之末端。

2. 家兔的内部解剖与观察

（1）预处理　可用下述方法之一对活体家兔进行预处理。①窒息法：将动物头部浸于水中，使其窒息。②乙醚麻醉法：用少量浸有乙醚的脱脂棉堵于家兔的鼻部，使其吸入过量乙醚而被深度麻醉。③静脉注射空气法：用注射器从耳郭静脉注入 5～10 mL 空气。

（2）解剖与观察（图15-1，图15-2）　将家兔以背位置于解剖台上，用棉花蘸水，润湿腹中线的毛并向两边分开露出腹部皮肤。以左手持镊子提起皮肤，右手持手术剪沿腹中线自泄殖孔前至下颌底将皮肤剪开，再从颈部向左右横剪至耳郭基部，沿四肢内侧中央剪至腕和踝部。左手持镊子夹起剪开皮肤的边缘，右手用手术刀分离皮肤和肌肉。然后沿腹中线剪开腹壁，沿胸骨两侧各 1.5 cm 处用骨钳剪断肋骨。左手用镊子轻轻提起胸骨，右手用另一镊子仔细分离胸骨内侧的结缔组织，再剪去胸骨。分离至胸骨起始处时，须特别小心，以免损伤由心脏发出的大动脉。去掉胸骨、打开体腔后，可见家兔的胸腹腔被横隔膜（即膈肌）分为胸腔和腹腔。观察胸腔和腹腔内各器官的自然位置。然后，剪开横隔膜边缘及第 1 肋骨至下颌联合的肌肉，使兔的颈部及胸、腹腔内的脏器全部暴露。在实施上述操作时，剪刀尖应向上翘，以免损伤内脏器官和血管。

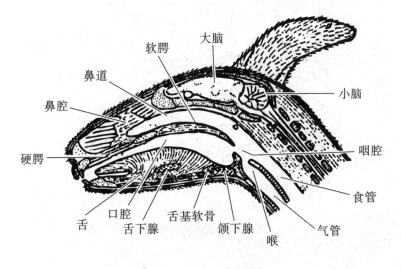

图 15-1　家兔的头部纵剖

1）消化系统 家兔的消化系统由消化道和消化腺组成,各部分的特征简列于后。

● 消化道 消化道包括口腔、咽部、食管、胃和肠等部分。

口与口腔:消化道的最前端即为口。沿口角两侧分别剪开咀嚼肌和下颌骨与头骨的关节,将口腔完全打开。口腔的前壁为上、下唇,两侧壁是颊部,顶壁的前部是硬腭,后部是肌肉质的软腭,软腭后缘下垂,把口腔和咽部分开。口腔底部有发达的肉质舌,其表面有许多乳头状突起,其中一些乳头内具味蕾(为味觉器官)。兔有发达的门齿而无犬齿,上颌有前、后排列的 2 对门齿,前排门齿长而呈凿状,后排门齿小;前臼齿和臼齿短而宽,具有较宽阔的咀嚼面;家兔的齿式为 2.0.3.3 / 1.0.2.3 = 28。

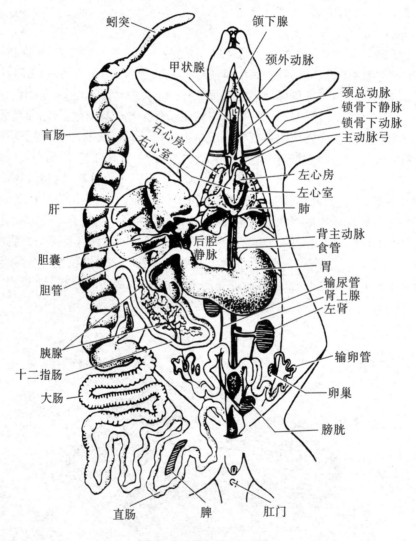

图 15-2 家兔的内部解剖

咽:软腭后方的腔为咽。沿软腭的中线剪开,所露出的空腔即鼻咽腔,为咽的一部分。鼻咽腔的前端是内鼻孔。在鼻咽腔侧壁上有 1 对斜行裂缝,为耳咽管孔,咽部背面通向后方的开口即为食道口。咽部腹面的开口为喉门,在喉门处有 1 个软骨小片,此为会厌软骨。

食道:气管背面的 1 条直管,由咽部后行伸入胸腔,穿过膈肌进入腹腔与胃连接。

胃:呈囊状,一部分被肝脏遮盖。与食道相连处为贲门,与十二指肠相连处为幽门。胃的前缘称胃小弯,后缘称胃大弯。

肠:分为小肠与大肠。小肠又可分为十二指肠、空肠和回肠;大肠可分为结肠和直肠;大肠与小肠交界处有盲肠。用镊子提起十二指肠,展开"U"形弯曲处的肠系膜,可见在十二指肠距幽门约 1 cm 处,有胆管注入;在十二指肠后段约 1/3 处,有胰管通入。空肠前接十二指肠,后通回肠,是小肠中最长的一段,形成很多弯曲,呈淡红色。回肠是小肠的最后一部分,盘旋较少,颜色略深。回肠与结肠相接处有一长而粗大的盲管,即为盲肠。盲肠的表面有一系列横沟纹,游离端细而光滑,称蚓突(在人体称阑尾)。回肠与盲肠相接处膨大,形成一厚壁的圆囊,称圆小囊(为兔所特有)。大肠包括结肠、直肠 2 部分。结肠包括升结肠、横结肠、降结肠 3 段,自前而后管径逐渐狭窄,最后接于直肠。直肠很短,末端以肛门开口于体外。

• 消化腺 哺乳动物具有口腔消化,与之相应的是,口腔中出现消化腺,即唾液腺。家兔的消化腺包括唾液腺、肝脏和胰脏等。

唾液腺 4 对,分别为耳下腺、颌下腺、舌下腺和眶下腺。

耳下腺(腮腺) 位于耳郭基部的腹前方,为不规则的淡红色腺体,紧贴皮下,似结缔组织。剥开该处的皮肤,即可见到。

颌下腺 位于下颌后部的腹面两侧,为 1 对浅粉红色的圆形腺体。

舌下腺 位于近下颌骨的联合缝处,为 1 对较小、扁平条形的淡黄色腺体。可用镊子将舌拉起,将舌根部剪开,使之与下颌离开,在舌根的两侧可找到。

眶下腺 位于眼窝底部的前下角,呈粉红色。可剪去一侧眼球,然后用镊子从眼窝底部夹出此腺体。若夹出的是较大的白色腺体则为哈氏腺。另有一泪腺位于眼后角,呈肉色,形状不规则(注意区别)。

肝脏 呈红褐色,位于横隔膜后方,覆盖于胃上。肝可分为 6 叶,即左外叶、左中叶、右中叶、右外叶、方形叶和尾形叶。胆囊位于右中叶背侧,以胆管通至十二指肠。

胰脏 弥散分布于十二指肠弯曲处的肠系膜上,为粉红色、分布零散而形状不规则的腺体,有胰管通入十二指肠。

在胃大弯左侧,可见一狭长形暗红褐色器官,此为脾脏,是最大的淋巴器官。

2)呼吸系统 家兔的呼吸系统包括呼吸道和肺两部分。主要结构特征简述于后。

• 鼻腔和咽 前端以外鼻孔通外界,后端以内鼻孔通至咽腔。鼻腔的中央有鼻中隔将其分为左、右两半。

• 喉头(图 15-3) 位于咽的后方,由若干块软骨构成。将连于喉头的肌肉除去以暴露喉头。喉头腹面为 1 块大的盾形软骨,称为甲状软骨。甲状软骨之后有围绕喉部的环状软骨。

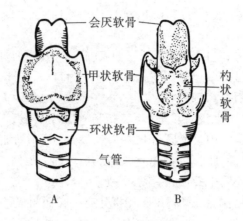

图 15-3　家兔的喉头

A.腹面观　B.背面观

在观察完其他结构后,将喉头剪下,做进一步观察。可见甲状腺前方有会厌软骨,在环状软骨背面的前端,有 1 对小型的勺状软骨。喉腔内侧壁的褶状物即为声带。

● 气管及支气管　喉头之后为气管,管壁由许多半环形软骨间膜所构成。气管进入胸腔后,分为左、右支气管,分别通往左、右肺。

● 肺　位于胸腔内心脏的左、右两侧的海绵状器官,即为肺。肺呈粉红色。

3)排泄系统　家兔的排泄器官为后肾,排泄系统包括排泄器官、输尿管、膀胱等部分。

● 肾脏　1 对,为红褐色的豆状器官,贴于腹腔的背壁、脊柱两侧。肾的前端内缘各有 1 个黄色的圆形的器官,即为肾上腺(内分泌腺)。除去覆盖于肾表面的脂肪和结缔组织,即可看到肾门。

● 输尿管　由左、右肾门分别伸出 1 条白色的细管,即输尿管,沿输尿管向后清理脂肪,注意观察其进入膀胱的位置。

● 膀胱　膀胱呈梨形,其后部缩小,与尿道相连通。雌性的尿道开口于阴道前庭,雄性尿道很长,兼有输精的作用。

用镊子和剪刀取下一侧的肾脏,并通过肾门从侧面纵剖开,用水冲洗,做进一步观察。外周色深部分为皮质部,内部有辐射状纹理的部分为髓质部,肾中央的空腔为肾盂。髓质部有伸入肾盂的乳头状突起,称肾乳头。输尿管则由肾盂经肾门处导出。

4)生殖系统　家兔为雌雄异体,雌、雄生殖系统的构成分别简列于后。

● 雄性　精巢(睾丸)1 对,白色,卵圆形。粗巢在非生殖期位于腹腔内,在生殖期坠入阴囊内。若雄兔正值生殖期,则在膀胱背面两侧可找到白色的输精管。沿输精管走向找到囊状、粉白色的精索(精索由输精管及生殖动脉、静脉、神经和腹膜褶共同组成)。用手提拉精索将位于阴囊内的精巢拉回腹腔进行观察。精巢背侧有一带状隆起为附睾,由附睾伸出的白色细管即为输精管。输精管沿输尿管侧行至膀胱后面通入尿道。尿道从阴茎中穿过(横切阴茎可见),开口于阴茎顶端。在膀胱基部和输精管膨大部的背面有精囊腺。

●**雌性**　卵巢 1 对,椭圆形,呈淡红色,位于肾脏后外方,其表面常有半透明的颗粒状突起。输卵管 1 对,为细长迂曲的管子,伸至卵巢的外侧,前端扩大呈漏斗状,边缘多褶皱呈伞状,称为喇叭口,朝向卵巢,开口于腹腔。输卵管后端膨大部分即为子宫,左、右两子宫分别开口于阴道。阴道为子宫后方的 1 根直管,其后端延续为阴道前庭,前庭以阴门开口于体外。阴门两侧隆起形成阴唇,左、右阴唇在前后侧相连,前联合呈圆形,后联合较尖。前联合处还有一小突起,称阴蒂。

5)循环系统(图 15-4,图 15-5)　家兔具有完整的四室心室(两心房、两心室),因而血液循环方式为完全的双循环。

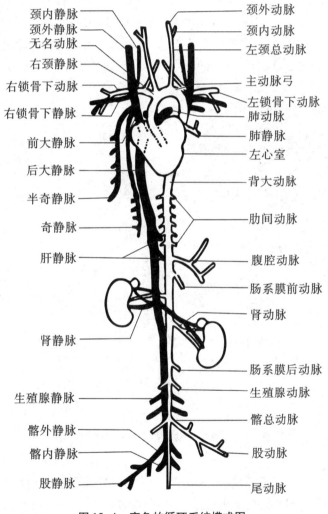

颈内静脉　　　　　　　　　　　颈外动脉
颈外静脉　　　　　　　　　　　颈内动脉
无名动脉　　　　　　　　　　　左颈总动脉
右颈静脉　　　　　　　　　　　主动脉弓
右锁骨下动脉　　　　　　　　　左锁骨下动脉
　　　　　　　　　　　　　　　肺动脉
右锁骨下静脉　　　　　　　　　肺静脉
前大静脉　　　　　　　　　　　左心室
后大静脉　　　　　　　　　　　背大动脉
半奇静脉　　　　　　　　　　　肋间动脉
奇静脉
肝静脉　　　　　　　　　　　　腹腔动脉
　　　　　　　　　　　　　　　肠系膜前动脉
　　　　　　　　　　　　　　　肾动脉
肾静脉
　　　　　　　　　　　　　　　肠系膜后动脉
生殖腺静脉　　　　　　　　　　生殖腺动脉
髂外静脉　　　　　　　　　　　髂总动脉
髂内静脉　　　　　　　　　　　股动脉
股静脉　　　　　　　　　　　　尾动脉

图 15-4　家兔的循环系统模式图

●**心脏及其周围大血管**　心脏位于胸腔中部偏左的围心腔中,近似卵圆形,与各大血管连接部分为心底,后端较尖,称为心尖。在近心脏中间有一围绕心脏的冠状沟,沟后方为心室,前方为心房。左、右两室的分界在外部表现为不明显的纵沟。左、右心房的外表分界不明显。

待动脉系统、静脉系统观察完毕后,在距心脏不远处,将心脏周围的大血管剪断,取出心脏,用水洗净。剖开心脏,仔细观察左、右心房和左、右心室的结构,血管与心脏4个腔(左、右心房,左、右心室)的连通情况。仔细观察各心瓣膜的位置与结构,为什么血液能在心脏内定向流动而不会倒流?

与心脏相连的大血管主要包括:①体动脉弓,是由左心室发出的大血管,发出后不久即向前转至左侧再折向后方,故呈弓状形态。②肺动脉,是由右心室发出的大血管,发出后在两心室之间向左弯曲。清除附着于肺动脉基部的脂肪,可见此血管分为左、右2支,分别进入左、右肺。③肺静脉,分别由左、右肺的根部伸出,在背侧汇合后进入左心房。④左、右前大静脉、后大静脉,在右心房右后侧汇合后,进入右心房。

•动脉系统　由左、右心室发出的肺动脉、体动脉弓及其分支动脉组成(图15-4)。

体动脉弓基部发出冠状动脉,分布于心脏。体动脉弓向左弯转的弓形处向前发出3支动脉,自右至左分别为无名动脉、左颈总动脉和左锁骨下动脉。但不同个体体动脉弓上血管的分支情况有所不同(图15-5)。

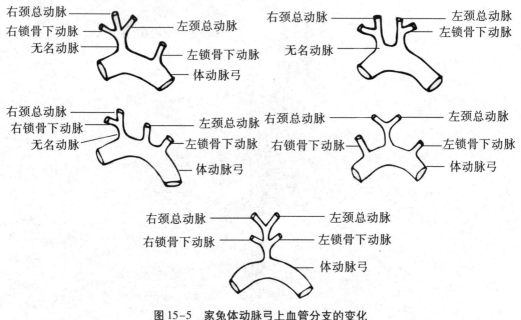

图15-5　家兔体动脉弓上血管分支的变化

无名动脉为1条短而粗的血管,向前延伸不久即分成右颈总动脉和右锁骨下动脉。右颈总动脉沿气管右侧前行至下颌角处,分为颈内动脉和颈外动脉。颈内动脉绕向外侧背侧,其主干进入脑颅,供应脑的血液,另一小分支分布于颈部肌肉。颈外动脉位置靠内侧,前行分成几个小支(不需细找),向头部、颜面部和舌供应血液。右锁骨下动脉到达腋部时,成为腋动脉,伸入上臂后形成右肱动脉及其分支。

左颈总动脉的分支与右颈总动脉同。

体动脉弓向左侧弯曲,沿胸的腹腔、背中线后行,此时即称背大动脉。用镊子将心脏、胃、肠等移向右侧,沿血管走向仔细分离血管周围结缔组织,可见背大动脉沿途有许多分支。主要的分支血管包括:①肋间动脉,背大动脉经胸腔所分出的若干成对小动脉,沿肋骨后缘,分布于胸壁上。②腹腔动脉,为背大动脉进入腹腔后所分出的第1支血管,其分支分布于胃、肝、胰、脾等器官。③前肠系膜动脉,在腹腔动脉后方,其分支至肠的各部分和胰脏等器官。④肾动脉,1对,分别在前肠系膜动脉的前、后方,通入右、左肾。⑤后肠系膜动脉,为背大动脉后段向腹右侧伸出的1支小血管,分布到降结肠和直肠。⑥生殖动脉,1对,分布到雄性的精巢或雌性的卵巢。⑦腰动脉,分离背大动脉后段两侧的结缔组织和脂肪,可见其背侧前后发出6条腰动脉,进入背部肌肉。⑧髂总动脉,为背大动脉后端分出的左、右2支大血管,每支又分出髂外动脉和髂内动脉。髂外动脉后行进入后肢,在股部称为股动脉。髂内动脉为内侧的较细分支,分布到盆腔脏器、臀部及尾部。⑨尾动脉,用骨钳将耻骨连合缝剪开,提起直肠,用镊子将腹主动脉末端托起,可见其近末端的背侧发出1条尾动脉伸入尾部。

• 静脉系统 除肺静脉外,家兔主要通过1对前大静脉和1条后大静脉,汇集全身的静脉血返回心脏。静脉血管外观上呈暗红色。

前大静脉 分左、右2支,汇集锁骨下静脉和颈总静脉血液,向后注入右心房。

锁骨下静脉 分左、右2支,与同名动脉伴行,收集来自前肢的血液。

颈总静脉 1对,粗而短,分别由左、右颈外静脉和左、右颈内静脉汇合而成,颈外、颈内静脉与颈总动脉伴行。颈外静脉位表层,较粗大,汇集颜面部和耳郭等处的回心血液。颈内静脉位深层,较细小,汇集脑颅、舌和颈部的回心血。

奇静脉 1条,位于胸腔的背侧,紧贴胸主动脉右侧,收集肋间静脉血液,在右前大静脉即将入右心房处,汇入右前大静脉。

后大静脉 收集内脏和后肢的血液回心脏,注入右心房。在注入处与左、右前大静脉汇合。汇入后大静脉的主要血管有:①肝静脉,来自肝脏的4~5条短而粗的静脉,在横隔后面汇入后大静脉。②肾静脉,1对,来自肾脏,右肾静脉位置略高于左肾静脉。③腰静脉,6条,较细小,收集来自背部肌肉的回心血液。④生殖静脉,1对,来自雄性睾丸或雌性卵巢。右生殖静脉注入后大静脉,左生殖静脉注入左肾静脉。⑤髂腰静脉,1对,较细,位于腹腔后端,分布于腰背肌肉之间,收集腰部体壁回心血液。⑥髂外静脉,1对,收集后肢回心血液。⑦髂内静脉,1对,收集盆腔背壁、股部背侧的回心血液。⑧肝门静脉,把肝十二指肠韧带展开,使胃与肝相互远离,但不可将韧带撕裂。在此韧带里有一粗大静脉,即肝门静脉。肝门静脉收集胰、胃、脾、十二指肠、小肠、结肠、直肠、大网膜的血液,送入肝脏。

6)神经系统 将家兔的头部自第1、2颈椎间切断,清理肌肉和结缔组织,使枕骨大孔露出。自枕骨大孔开始,分左右两侧由后向前,用骨剪小心将头骨剪开,用镊子将头骨背面剪掉的部分去掉。边剪边清理,使开口扩大,脑之背面逐渐暴露。仔细清理脑脊液,再行观察。

兔脑可分为大脑、间脑、中脑、小脑和延脑5个部分(图15-6)。

• 大脑 占全脑的大部分。可分成2个大脑半球,其前方有1对较小的球形结构为嗅球。大脑半球表面较光滑,沟回较少。两半球之间有一纵沟,其后端露出间脑的一部

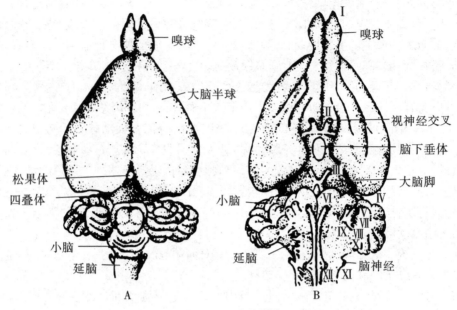

图15-6　家兔的脑
A.背面观　B.腹面观

分,可见由间脑发出的松果体(脑上腺)。小心将左、右大脑半球稍分开,在纵沟底部有一宽厚的白色带状构造,此为连接2个半球的神经纤维,称为胼胝体。

• 间脑　背面为大脑和中脑所覆盖,故从背面不易看到。将大脑与其后的中脑稍分开,可见间脑背面的前脉络丛。

• 中脑　将大脑半球的后缘稍推向前方即可看到中脑。中脑背面形成前后形成2对突起,称为四叠体。前一对突起称为前丘,为视觉反射中枢,后一对突起称为后丘,为听觉反射中枢。

• 小脑　很发达,可分成3个部分。中间是不成对的蚓部,蚓部两侧为小脑半球,小脑半球外侧是小脑卷。

• 延脑　前方被小脑蚓部的后缘所遮盖,从后方掀起小脑卷可以看到位于延脑的第四脑室(菱形窝),菱形窝上方被薄的血管丛所覆盖。

家兔有脑神经12对。

4. 示范

(1)在显微镜下观察家兔的皮肤切片标本。

(2)家兔的整体骨骼标本和离散的脊椎骨标本,观察双平型椎体的结构特点。

(3)家兔脑的浸制标本。

(4)毛发的显微结构观察。

【作业与思考题】

1. 绘家兔喉部背、腹面观图,并注明各部分的名称。
2. 根据实验体会,总结家兔解剖和观察中的操作要点。
3. 查阅文献,掌握哺乳动物的进步性特征。
4. 观察家兔的头骨标本,掌握异型齿、齿式等概念。

实验十六　动物血涂片制作与血细胞观察

血细胞是动物血液中的有形成分,直接参与气体运输、机体免疫、血液凝固、代谢产物排出等生理过程。血细胞的形态、数目等特征与动物分类、生理状态及系统演化研究均有密切关系。因此,对动物血细胞的观察研究极为必要。

【实验目的】

1. 掌握动物血涂片的制作方法。
2. 了解动物血细胞的主要类型和形态特征。

【实验内容】

1. 实验动物血液采集。
2. 动物血细胞分类。
3. 动物血细胞形态观察。

【材料与用品】

解剖器械、解剖盘、脱脂棉、pH 值 6.4~6.8 磷酸盐缓冲液、瑞氏(Wright's)染液;显微镜、香柏油、载玻片、盖玻片、玻片水平支架,采血针或注射器、血液计数器、小滴管、平皿、记号笔、消毒棉球、蒸馏水、活体动物等。

【操作与观察】

1. 瑞氏(Wright's)染液的配制

(1)原液配制　首先称取瑞氏染料粉剂 0.1 g;另取纯甲醇 60 mL,备用。

(2)配制步骤

1)将瑞氏染料粉放入乳钵内,加少量甲醇研磨。

2)将已溶解的染料倒入洁净的玻璃瓶内,剩下未溶解的染料再加入少量甲醇进行研磨,如此反复操作,直至染料全部溶解为止。

3)将染液装入玻璃瓶内密封,在室温下保存 1 周即可使用。

4)新鲜配制的染液偏碱性,放置后呈酸性。染液储存的时间越长,则染色效果愈好。

2. 血液采集

本实验以中华大蟾蜍(或青蛙)为实验动物。当然,也可采用其他实验动物如鱼、家鸽、大鼠等。不同动物的血液采集方法,可参阅附录部分或相关文献资料。参与实验的学生也可采集自己的血液用于实验观察。但是,需要注意,采血过程必须严格按照操作规范和指导教师的要求进行。

采用双毁髓法对蟾蜍进行处理(参见实验十三),或用乙醚将动物麻醉。然后,打开体腔,用注射器或采血针从心室或主动脉干抽取血液,转入已加抗凝剂的平皿内。

3. 涂片

用吸管吸取 1 滴血液,滴于载玻片的一端,以左手持片;另选一张干净的载玻片(称推片),以右手持片,从血滴的前方逐渐向血滴处移动。血滴一旦接触到推片,即沿推片的边缘散开。仔细操作,使推片与血液所在的载玻片呈约 45° 的夹角(图 16-1)。然后,平稳、匀速地把推片反向(载玻片另一端)推进,至近末端时停止。推片的速度、力度、角度等需要不断练习,方能得心应手、熟练运用。

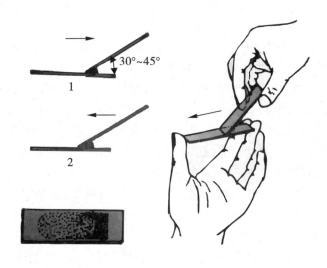

图 16-1　血液涂片操作示意

血涂片制成后,可手持载玻片在空中挥动,使血膜迅速干燥,以免血细胞皱缩。

一张质量较高的血液涂片,应具备血膜厚薄适当,头、体、尾分明,边缘整齐,两侧留有一定空隙等特征。为此,制作血涂片时,应注意:①推片速度均匀、力度适中,切忌过快或过慢;②待涂片的血膜干透后,再行染色,以免染色过程中细胞脱落;③染色时滴加的染液量要充足,并细心保护后部的血膜,因为较大的细胞常出现于此段。

4. 染色

选择符合要求的血液涂片,进入后续操作。

将血膜干燥后的载玻片平置于实验台上,加瑞氏染液 2~3 滴,使血膜被全部覆盖,对血细胞进行染色。在此期间,注意勿使血膜表面干燥。如染液挥发,可酌加少量清水覆盖。5~10 min 后,以流水小心冲去染液,用吸水纸吸干载玻片表面或使其自然干燥,即可用于后续实验观察。

5. 血细胞形态观察

蟾蜍的血细胞包括红(血)细胞、白细胞、血栓细胞等。

(1)红细胞　蟾蜍的成熟红细胞呈长椭圆形,表面光滑。细胞核椭圆形,中位,核质紧密,染成深蓝色,核周与胞质交界处有一透明薄环,着色较浅且均匀,细胞边界清晰。未成熟的红细胞呈椭圆形,长轴较成熟红细胞短,核稍大,核质疏松,着色稍浅。较幼稚的红细胞近圆形,染色质结构疏松,着色较浅。有时,可观察到正在进行无丝分裂的红细胞和直接分裂后产生的梨细胞。中华大蟾蜍指名亚种的红细胞数平均为 $5.35\pm10/mm^3$。

(2)白细胞　白细胞分布于红细胞之间,数量较红细胞少,细胞核形状不规则且位置不定。数量较红细胞少,圆形或近圆形,核形状各异。白细胞一般可分为粒细胞和无粒细胞,粒细胞包括嗜中性粒细胞、嗜酸性粒细胞、嗜碱性粒细胞。无粒细胞包括单核细胞和淋巴细胞。蟾蜍的白细胞的平均数为 $0.31\pm10/mm^3$。

(3)嗜中性粒细胞　嗜中性粒细胞呈圆形、椭圆形。核、质之间的界限明显。细胞核分为单叶核和多叶核,单叶核有杆状、卵圆形、肾形、哑铃形、半月形、环形、杈形等。多叶核分2叶或3叶,叶间以核丝相连,但有极少数无核丝相连。细胞核被染成蓝紫色,细胞质中含有许多被染成浅蓝紫色的嗜中性颗粒。

(4)嗜酸性粒细胞　嗜酸性粒细胞呈圆形或椭圆形,体积较大。细胞核粗糙,被染成紫色,呈椭圆形,位于细胞中央或一侧,也有分2叶的情况。细胞质中充满大小不等的橘红色嗜酸性颗粒,颗粒较大,多少不等,边缘染色深,中央染色浅,呈环状。

(5)嗜碱性粒细胞　圆形或椭圆形,大小较嗜酸性细胞小,细胞核常偏位。细胞质中含有被染成蓝紫色的嗜碱性颗粒,颗粒大小不均,常遮盖于核表面。

(6)淋巴细胞　蟾蜍的淋巴细胞可分为小淋巴细胞和大淋巴细胞,小淋巴细胞较多。小淋巴细胞呈圆形或近圆形,细胞核大,位于细胞中央或与质膜相切,核质界限不明显。染色质粗糙,被染成深蓝紫色。细胞质极薄,仅在淋巴细胞和核形成的窄环处或在胞核凹陷处可见,被染成浅蓝色。大淋巴细胞形态与小淋巴细胞相似,细胞核比小淋巴细胞染色稍淡,细胞质比小淋巴细胞丰富,淋巴细胞表面粗糙不平,向外伸出许多绒毛状突起。

(7)血栓细胞　血栓细胞的胞体较小,呈梭形或卵圆形。细胞核所占体积较大,细胞质一般只有外围极薄的一圈,在细胞两端相对较多。血栓细胞在血涂片中往往集中出现,但也有分散存在的情况。

【作业与思考题】

1. 绘蟾蜍血细胞的外形图,注明不同类型血细胞的名称。
2. 查阅文献,简述哺乳动物血细胞的特征。
3. 比较脊椎动物各纲血细胞的形态。

实验十七　土壤动物群落调查

土壤动物是栖息于土壤环境中的各种动物的总称,作为物质循环和能量流动中的重要消费者成员,土壤动物在自然生态系统中起着极为重要的作用。土壤动物通过同化不同物质以构建其自身,同时又将其排泄产物释放于环境中。土壤动物对环境质量的变化极为敏感,因而可作为环境监测的重要指示动物。本实验中的土壤动物系指无脊椎动物中的相关类群。

【实验目的】

1. 掌握群落结构的评价指标,如物种多样性指数、均匀度指数、优势种等。
2. 了解群落的基本概念和群落生态学的主要研究内容。

【实验内容】

1. 土壤动物采集。
2. 土壤动物的鉴定与识别。
3. 群落中类群/物种多样性分析。
4. 不同生境土壤动物组成的比较。

【材料与用品】

土壤动物取样器、自封塑料袋、铁锹、土壤动物分离器、标本瓶、镊子、体视显微镜、放大镜、乙醇、白炽灯泡、铁丝网等。

【操作与观察】

1. 样地选择
根据环境特点,可选择林地、灌丛、草地、裸地等不同植被类型的生境,作为采样地点。如在校园之外采样,可选择农田、公园、林地等环境作为采样点。

2. 土样采集
为减小取样和统计误差,在同一采样区域,可随机选取多个采样点(如 3~5 个)。取样时,应除去样点的地表杂物,用直径为 5 cm 的管式取土器,取 15~20 cm 深的土壤样品,装入密封袋,带回实验室备用。

3. 土壤动物分离

采用手捡法收集大型土壤动物。采用改良的干漏斗(Tullgren 漏斗)法(图 17-1),分离、收集中、小型土壤动物。具体方法是:将从野外取回的土壤样品充分混匀后,自每份样品中取出 100 cm³ 土样,装入干漏斗,接样器中盛有 75% 的乙醇。用 40 W 白炽灯连续照射 24 h 后,收集得到的动物即为中、小型土壤动物。

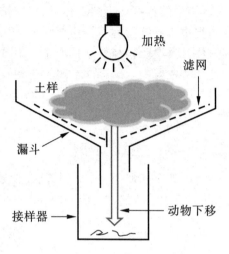

图 17-1　土壤动物分离过程示意图

4. 土壤动物的分类与鉴定

依据《中国土壤动物检索图鉴》《昆虫分类》《昆虫形态分类学》等工具书,在放大镜、体视显微镜下,对收集到的土壤动物进行分类与鉴定、计数,并将结果录入表格(表 17-1)或计算机,进行统计分析。

表 17-1　不同生境土壤动物调查表

样方编号	生境类型	类群/物种	个体数

5. 不同生境土壤动物的比较

根据上述的数据统计结果,可对不同群落类型中土壤动物的类群/物种多样性、优势类群/物种等方面的差异进行比较;进而探讨产生这些差异的可能原因,分析土壤动物与生境类型之间的关系。

【作业与思考题】

1. 提交调查地区土壤动物群落调查报告。
2. 根据调查结果,分析影响土壤动物群落组成的可能因素。
3. 土壤动物群落组成是否会有季节性变化?
4. 基于本实验,并查阅相关文献,分析土壤动物与农业生产的相互关系。

实验十八　校园鸟类生态调查

　　鸟类是自然生态系统的重要成员之一。在人类聚居的城市环境中,鸟类的种类、数量、分布及其与栖息地的关系,可以客观反映城市环境的质量。大学校园往往具有相对茂密的植被和适于鸟类栖息的环境,被视为城市生态系统中的绿洲,吸引鸟类聚居、栖息。通过对校园鸟类种类、数量、巢址选择等的调查与观察,可以帮助学生获得课堂知识的感性认识,理解鸟类与环境的相互关系和鸟类对栖息环境的适应等,了解野外生态学研究的基础知识,培养爱鸟护鸟的积极性和自觉性。本实验可安排在"爱鸟周"活动期间进行,并可同时开展观鸟、拍鸟、科普宣传活动。

【实验目的】

1. 认识校园常见鸟类,掌握鸟类分类的基本知识。
2. 掌握鸟类数量调查方法,理解鸟类与栖息环境的关系。
3. 贴近自然、感知生物多样性,增强自然保护意识。

【实验内容】

1. 校园鸟类的种类调查。
2. 鸟类与栖息地的关系分析。
3. 了解不同鸟类的巢址选择特征。

【材料与用品】

　　双筒望远镜(7～10倍)、照相机(长焦距)、测距仪、手持式 GPS、校园地图、鸟类图鉴、铅笔、记录本等。

【操作与观察】

1. 调查时间
　　调查时间应与鸟类的活动规律相一致。多数鸟类在日出后和日落前 2 h 活动比较频繁,所以调查时间应选在清晨和傍晚。

2. 调查方法
　　鉴于校园环境条块化明显、异质性高等特点,常规的鸟类野外调查方法并不完全适用于校园环境。因此,在进行校园鸟类调查时,应采取分区域设立观测点和全面调查相结合的综合工作方法。

（1）种类调查

1）选定调查区域　　在对校园环境进行实地考察的基础上，按照建筑物、行道树、树林、灌丛、草坪、小型水域等对校园环境进行划分。建筑物包括房屋、亭子、道路等各种人工设施；行道树主要指道路边成行的树木；树林指有一定面积的乔木林或高大灌木林；灌丛包括所有低矮灌木；草坪包括所有无树群草地及林下草本植物；小型水域有人工湖、池塘、小溪等。根据校园地图，在每一类型的生境，设立一个固定观测点，或在相对位置设立多个固定观测点，以能够覆盖整个生境范围为宜。

2）实地调查　　调查时，通过肉眼或借助望远镜，对特定生境中活动的所有鸟类进行观察，并做好种类、数量及其所处的栖息环境等信息的描述与记录。对一些仅听到鸣叫声的鸟类亦应进行记录，或录制其鸣声以备后期的物种确认。从样地上空飞过的鸟类不记录。对不认识的种类，则快速记录其形态和行为特征（或拍照），随后再查阅鸟类图鉴，或咨询专家，以确定种类。同一生境应重复调查 3~5 次。

调查人员需尽量隐蔽，不穿鲜艳衣服，保持安静，切忌大声喧哗，以免干扰鸟类的活动；孵卵期鸟的发现率较低，应尽量避免在此期间调查。

（2）巢址选择调查　　许多鸟类在校园内的大树、建筑物等处营巢。对发现的鸟巢，应通过观察，确定营巢鸟的种类。记录营巢树的种类、树高、胸径、巢与地面的距离、巢材、巢的形状、巢口的朝向、在用巢还是废弃巢；若鸟巢营建于建筑物，则需记录建筑物的类型、巢高、巢的位置等。用手持式 GPS 测定并记录相关地理信息。同时，拍摄远景和特写照片。在鸟类繁殖、育雏期间，应减少调查频次，以尽量降低对亲鸟和幼鸟的干扰。调查结束后，把调查结果录入表格或计算机，以便进行统计分析。

3. 结果与分析

（1）校园鸟类的物种组成　　将调查记录表中的原始数据录入 Excel 制成表格，求出每类生境重复调查所获各个物种的平均值，再按物种合并所有生境的数据。根据实际调查结果，并查阅文献资料，确定各个物种的居留型、分布型及生态类群。在长期积累的基础上，可分析鸟类组成的季节间、年间变化及其与环境、气候、人为活动等因素的关系。

（2）校园鸟类的多样性　　多样性指数用香农－威纳指数（Shannon－Weiner index）（H'）表示：

$$H' = -\sum P_i \ln P_i$$

其中，P_i 为某一生境中第 i 种鸟的个体数量占该生境所有鸟类个体数量总和的概率。

优势度：以调查期间某种鸟的数量占该生境所有鸟总数的比例，作为划分种群数量等级的优势度指数：超过 5% 者划划为优势种，1%~5% 者为常见种，少于 1% 者则为稀有种。

（3）鸟类与生境的关系　　统计并比较不同类型生境中鸟类的种类、数量和多样性指数，分析鸟类与生境（包括植被高度、盖度等）的关系。

（4）鸟类的巢址选择　　根据调查与统计结果，总结出特定鸟类的巢址选择特征（如树种、树高、胸径、树冠、巢高等），分析影响鸟类巢址选择的主要因素。

【作业与思考题】

1. 基于调查结果,绘制校园鸟类分布图。
2. 根据调查实践和体会,比较野外和校园环境中鸟类调查方法的异同。
3. 根据调查结果,你认为在校园规划建设中,应当采取哪些措施以利于鸟类生存?
4. 提出在校园中保护鸟类、悬挂人工鸟巢的可行性建议。

实验十九　鸟类行为观察

行为学是研究动物个体和动物社群为适应内、外环境变化（刺激）所做出的反应的科学。行为学以动物为主要研究对象，故亦称动物行为学。行为学属于动物生物学的分支学科，但有其独立、完整的理论体系。

【实验目的】

1. 了解动物行为学研究的意义。
2. 学习行为研究的方法。
3. 培养鸟类保护意识。

【实验内容】

1. 鸟类活动节律观察。
2. 鸟类觅食行为观察。
3. 鸟类惊飞行为与惊飞距离观察。

【材料与用品】

双筒望远镜(7～10 倍)、照相机(长焦距)、手持式 GPS、校园地图、鸟类图鉴、卷尺或皮尺、铅笔、记录本等。

【操作与观察】

1. 鸟类活动节律观察

任何一种动物，都有其独特的活动规律和行为模式。根据主要活动时间的不同，可把鸟类分为昼行性种类(diurnal animal)和夜行性种类(nocturnal animal)，现生鸟类大多为昼行性种类。本实验以昼行性鸟类为观测对象。

观察鸟类的活动节律时，首先选定拟观察的种类(如喜鹊、灰喜鹊、戴胜等)，采用瞬时扫描取样法，在一定的间隔时间内(如或 30 min)，每次持续 5 min，观察并记录目标个体的状态(包括静止或活动，如处于活动状态，则观察并记录活动的类型，包括觅食、移动、其他)，以及每种状态的持续时间。同时记录目标个体的位置(如树上、草地等)。观察期应自鸟类清晨开始活动起，至傍晚归巢休息时为止。尽量选择较多的不同个体进行观察记录。将每次扫描取样视为一个独立样本。将所有个体处于活动状态的次数(或比例)按时间序列(坐标横轴)进行统计分析并制图。

2. 鸟类觅食行为观察

觅食是所有动物为着生存的第一需要。在鸟类活动期间,觅食活动的时间占极大的比例。一般来说,鸟类的食性可划分为肉食性、植食性和杂食性。鸟类的觅食行为随食性的不同而有所变化。因此,观察鸟类的觅食行为时,应首先选定目标物种,在适当的距离之内,采用焦点动物取样法,通过肉眼或借助望远镜观察,收集行为数据,并记录鸟类的觅食行为特征、持续时间、食物种类、动作特点。在鸟巢所在处,往往能发现鸟类的食物残渣,通过分析,可以补充鸟类的食性数据。对觅食行为的观察可与活动节律观察同时进行。通过对数据的综合分析,可了解特定鸟类觅食行为随时间的变化特征。

3. 鸟类的惊飞行为观察

栖息于校园环境的鸟类已基本适应了人类活动和相应的干扰,观察者可在较近距离内观察、记录、拍摄鸟类。但是,观察者与鸟类的距离小至一定值时,鸟类仍会起飞而远离观察者,这种行为称为惊飞行为。鸟类起飞时与观察者间的距离即为惊飞距离(flush distance)。一般而言,城市鸟类的惊飞距离小于自然条件下的同种个体。

进行此项观察时,观察者应以正常步速、步态逐渐靠近目标鸟类,观察其行为反应、惊飞时的起飞方式、方向等。目标鸟一旦飞离,观察者应停止走动,测量并记录观察与目标鸟起飞点之间的距离。通过对调查数据的统计分析,可比较不同种鸟类惊飞行为和惊飞距离的不同。

如果时间允许,观察者可进一步探讨手中持物、着装颜色、接近方向、行进速度等因素对鸟类惊飞行为和惊飞距离的影响。

在观察过程中,如遇到鸟类表现出一些特殊行为,应及时仔细观察、记录、拍照,并查阅文献资料,进行深入探讨。

【作业与思考题】

1. 描述一种鸟的活动节律。
2. 选择两种校园鸟类,比较其觅食行为。
3. 比较两种校园鸟类的惊飞行为和惊飞距离,分析影响鸟类惊飞距离的主要因素。
4. 查阅文献,掌握鸟类在自然生态系统中的作用。

实验二十　自主性实验的设计与实施

在动物生物学领域,许多重要的科学问题的提出和解决都来自偶然的发现和持之以恒的努力。因此,通过实验课教学,培养学生发现问题、解决问题的能力、激发学生的学习积极性和研究兴趣极为重要。为此,安排本实验。

【实验目的】

1. 训练学生查阅文献资料、发现问题、灵活运用所学知识和技能设计实验,完成实验,以培养学生通过实验验证或解决某一实际问题的能力,培养创新意识及基本技能。

2. 检验《动物生物学实验》课程教、学两方面的成效与质量。

【实验内容】

1. 查阅资料,确定实验课题。

2. 查阅资料,灵活运用所学知识和技能,设计实验方案。

3. 实施并完成自行设计的实验。

4. 撰写实验报告。

【操作与观察】

学生以小组为单位,基于前期已完成的实验,结合理论课程学习,并根据自己对动物生物学相关科学问题的探索兴趣,确定选题,设计实验内容,并列出实验操作的具体步骤、观察内容、数据采集、结果展示、注意事项等。

1. 实验选题。

2. 实验设计,包括实验目的、实验内容等。

3. 实验的操作与观察过程、注意事项。

4. 实验总结。

【作业与思考题】

1. 设计并完成"鸟类与哺乳动物血细胞的观察与比较"实验。

2. 总结设计实验的收获、体会,并提出改进建议。

3. 自主选题,设计并实施一项动物生物学实验。

附　录

一、实验动物血液采集

在动物生物学、生理学、实验动物学等领域的研究中,经常需要采集实验动物或研究对象的血液,以进行常规的检测或生理、生化分析,而学习和掌握血液的正确采集、分离和保存方法则是相关实验或研究的前提。

采血方法的选择取决于实验的目的所需血量及动物种类。凡用血量较少的检验如红、白细胞计数、血红蛋白的测定,血液涂片及酶活性微量分析等,可刺破组织,从毛细血管取血。当需血量较多时可进行静脉采血。实施静脉采血时,若需反复多次,应自远离心脏的部位开始,以免血管发生栓塞而影响整条静脉。例如,研究毒物对肺功能的影响、血液酸碱平衡、水盐代谢紊乱,动脉血氧分压、二氧化碳分压和血液 pH 值及 K^+、Na^+、Cl^- 离子浓度等问题时,必须采取动脉血液。

采血时要注意:①采血场所应有充足的光线;夏季的室温最好保持在 25~28℃,冬季则以 15~20℃ 为宜;②一般情况下,采血用具及采血部位必须进行消毒处理;③采血所用的注射器和试管必须保持清洁、干燥;④若需抗凝全血,在注射器或试管内需预先加入抗凝剂。

常用实验动物的采血部位、采血方法、注意事项等简介于后。在实际操作过程中,可根据实际情况,不断予以修订和完善。

1. 小鼠/大鼠

(1)割(剪)尾采血　本法适用于需血量较少的实验。操作时,首先应固定动物并露出鼠尾,将尾部毛剪去后消毒,随后将尾部浸于约 45℃ 的温水中,或以乙醇涂擦,使尾部的血管充盈。数分钟后,将尾取出擦干,用锐器(手术刀或剪刀)割去尾尖 0.3~0.5 cm,让血液自由滴入盛器,或用血红蛋白吸管吸取。采血结束后,应对伤口消毒并压迫止血。也可在尾部做一横切口,割破尾动脉或静脉采血,方法同上。正常情况下,小鼠每次可取血 0.1 mL,大鼠 0.3~0.5 mL。每只鼠可采血十余次。

(2)鼠尾穿刺采血　用血量不多时(如仅做白细胞计数或血红蛋白检查),可采用本法。先将鼠尾用温水擦拭,再用酒精消毒和擦拭,使鼠尾充血。用 7 号或 8 号注射针头,刺入鼠尾静脉,拔出针头时即有血滴出,一次可采集 0.1~0.5 mL。如需反复取血,应先在靠近鼠尾末端穿刺,以后再逐渐向近心端穿刺。

(3)眼眶静脉丛采血　本法可用于某些生化项目的检测实验。取血时,采血者以左手拇指和示指从背部握住小鼠或大鼠的颈部(大鼠采血时需戴纱手套),并应防止动物窒息。左手拇指及示指轻轻压迫动物的颈部两侧,使眼眶后静脉丛充血。右手持连接 7 号针头的 1 mL 注射器或长颈(3 ~ 4 cm)硬质玻璃滴管(毛细管内径 0.5 ~ 1.0 mm),使采血器与鼠面呈 45°的夹角,由眼内角刺入(附图-1)。针头斜面应先朝向眼球,刺入后再转 180°使斜面对着眼眶后界。刺入深度在小鼠 2 ~ 3 mm,在大鼠 4 ~ 5 mm。当感到有阻力时即停止推进,同时将针退出 0.1 ~ 0.5 mm,边退边抽。若穿刺适当,血液能自然流入毛细管中。得到所需的血量后,即除去加于颈部的压力,同时将采血器拔出,以防止术后穿刺孔出血。

　　若技术熟练,用本法短期内可重复采血,左右两眼轮换采血更好。体重 20 ~ 25 g 的小鼠每次可采血 0.2 ~ 0.3 mL;体重 200 ~ 300 g 大鼠每次可采血 0.5 ~ 1.0 mL。

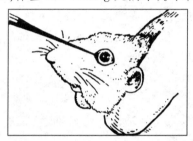

附图-1　眼眶静脉采血示意图

　　(4)断颈采血　采血者的左手拇指和示指从背部握住大(小)鼠的颈部皮肤,并使动物头下倾。右手持剪刀快速剪断鼠颈,使血液自由滴入盛器。小鼠每次可采血 0.8 ~ 1.2 mL;大鼠 5 ~ 10 mL。

　　(5)心脏采血　鼠类的心脏较小,且心率较快,心脏采血比较困难,故一般较少采用。活体采血方法与豚鼠相同。若做开胸一次性采血,可先将动物做深度麻醉,打开胸腔,暴露心脏,用针头刺入右心室,吸取血液。小鼠 0.5 ~ 0.6 mL;大鼠 0.8 ~ 1.2 mL。

　　(6)颈动脉、静脉采血　先将动物仰位固定,切开颈部皮肤,分离皮下结缔组织,使颈静脉充分暴露,即可用注射器吸出血液。也可在气管两侧分离出颈动脉,离心端结扎,向心端剪口将血滴入试管内。

　　(7)腹主动脉采血　先将动物麻醉,使之仰位固定于手术架。从腹正中线皮肤切开腹腔,使腹主动脉充分暴露。用注射器吸出血液。或用无齿镊子剥离结缔组织,夹住动脉近心端,用尖头手术剪刀,剪断动脉,使血液喷入盛器。

　　(8)股动(静)脉采血　由助手握住动物,采血者以左手拉直动物下肢,使静脉充盈。或以搏动为指标,右手持注射器刺入血管采血。体重 15 ~ 20 g 的小鼠每次可采血 0.2 ~ 0.8 mL,大鼠 0.4 ~ 0.6 mL。

2. 豚鼠

　　(1)耳缘剪口采血　将动物的耳壳消毒,用锐器(手术刀或剪刀)割破耳缘,则血可自切口自动流出,进入盛器。操作时,可在切口边缘涂抹 20%枸橼酸钠溶液,以防止凝血;若使耳壳充血效果较好。此法每次可采血约 0.5 mL。

（2）心脏采血　　取血前应探明心脏搏动最强部位,通常在胸骨左缘的第 2~3 肋骨处,选择心跳最显著的部位做穿刺。操作方法详见兔心脏采血。因豚鼠身体较小,一般可不必将动物固定于解剖台,而由助手握住前、后肢进行采血即可。成年豚鼠每周采血以不超过 10 mL 为宜。

（3）股动脉采血　　将动物仰位固定于手术台,剪去腹股沟区的毛,麻醉后,局部用碘酒消毒。切开长 2~3 cm 的皮肤,使股动脉暴露并分离。然后,用镊子提起股动脉,在远端结扎,近端用止血钳夹住,在动脉中央剪一小孔,用无菌玻璃小导管或聚乙烯、聚四氟乙烯管插入,放开止血钳,血液即由导管口流出。每次可采血 10~20 mL。

（4）背中足静脉取血　　将动物固定,将其右或左膝关节伸直提到术者面前。术者将动物的脚背用面用酒精消毒,找出背中足静脉后,以左手的拇指和示指拉住豚鼠的趾端,右手持注射器刺入静脉。拔针后立即出血,血滴呈半球状隆起。采血后,用纱布或脱脂棉压迫止血。反复采血时,两后肢交替使用。

3. 家兔

（1）耳静脉采血　　本法为常用的采血方法之一,可多次反复采血。因此,应注意保护动物的耳缘静脉,防止发生栓塞。

将兔放入仅露出头部及两耳的固定盒中,或由助手以手把持。选择耳静脉清晰的耳壳,将耳静脉部位的毛剪去,用 75% 的酒精局部消毒,并用手指轻轻摩擦兔耳,使静脉充血扩张,用连有 5 号针头的注射器,从耳缘静脉末端刺破血管,待血液流出时即可取血;或将针头逆血流方向刺入耳缘静脉取血。取血结束后,用棉球压迫止血。用此法一次最多可采血 5~10 mL。

（2）耳中央动脉采血　　将兔置于兔固定筒内,在兔耳的中央有一条较粗、颜色较鲜红的中央动脉,用左手固定兔耳,右手取注射器,在中央动脉的末端,沿向心方向刺入动脉,即可见动脉血进入针筒,取血完毕后止血。此法一次可抽血 15 mL。但抽血时应注意,由于兔耳中央动脉容易发生痉挛性收缩,因此抽血前必须先让兔耳充分充血。当动脉扩张、未发生痉挛性收缩之前立即抽血。如果等待时间过长,动脉可能发生较长时间的痉挛性收缩。取血时一般用 6 号针头,不宜太细。针刺部位从中央动脉末端开始。不要在近耳根部取血,因耳根部软组织较厚,血管位置略深,易刺透血管造成皮下出血。

（3）心脏取血　　将兔以仰位固定,在第 3 肋间胸骨左缘 3 mm 处,用注射针垂直刺入心脏,血液随即进入针管。需要注意:①动作宜迅速,以缩短在心脏内的留针时间,并防止血液凝固;②如针头已进入心脏但抽不出血时,应将针头稍微后退,再尝试抽血;③针头在胸腔内不能左右摆动,以免伤及心、肺。此法每次可取血 20~25 mL。

（4）后肢胫部皮下静脉取血　　将兔以仰位固定于兔固定板上,或由一人将兔固定好。拔去胫部被毛,在胫部上端股部扎以橡皮管,则在胫部外侧浅表皮下,可清楚见到皮下静脉。用左手两指固定好静脉,右手取连有 5 号针头的注射器,斜行刺入静脉血管。轻轻回抽针栓,如血进入注射器,表示针头已刺入血管,即可取血。一次可取 2~5 mL。取血结束后,用棉球压迫取血部位止血。如止血不妥,可造成皮下血肿,影响后续取血。

（5）股静脉、颈静脉取血　　采用此法采血前,应先作股静脉和颈静脉暴露分离手术。

股静脉取血:操作时,将注射器从股静脉下端向心方向斜行刺入静脉血管,徐徐抽动针栓即可取血。抽血完毕后要注意止血。股静脉较易止血,用于纱布轻压取血部位即可。若连续多次取血,取血部位应尽量选择远心端。

外颈静脉取血:将注射器由近心端(距颈静脉分支 2～3 cm 处)向头侧端斜行刺入血管,使注射器针头一直引伸至颈静脉分支处,即可取血。此处血管较粗,容易取血,取血量也较多,一次可取血 10 mL 以上。取血结束后,拔出针头,用干纱布轻轻压迫取血部位止血。兔急性实验的静脉取血,用此法较为方便。

4. 狗/猫

(1)后肢外侧小隐静脉和前肢内侧下头静脉采血　此法最为常用且方便。后肢外侧小隐静脉位于后肢胫部下 1/3 的外侧浅表的皮下,由前侧方向后行走。抽血前,将动物固定或使之侧卧,由助手协助固定。将抽血部位的毛剪去,碘酒-酒精消毒皮肤。采血者左手以拇指和示指握紧剪毛区上部,使下肢静脉充盈,右手用注射器(6 号或 7 号针头)迅速刺入静脉,左手放松将针固定,以适当速度抽血(以无气泡为宜)。或将胶皮带绑在动物的股部,或由助手握紧。若仅需少量血液,可不用注射器抽取,只需用针头直接刺入静脉,使血从针孔自然滴入盛器。

采集前肢内侧皮下的头静脉血时,操作方法与上述基本相同。

(2)股动脉采血　本法为动脉血采集最常用的方法,操作简便。将狗卧位固定于解剖台。使其后肢向外伸直,暴露腹股沟三角动脉搏动的部位,剪去被毛,用碘酒消毒。以左手中指、示指探摸股动脉跳动部位,并固定好血管,右手持注射器(5 号针头),由动脉跳动处直接刺入血管,可见鲜红血液流入注射器。有时需稍微转动或上下移动针头,方见鲜血流入。抽血完毕,迅速拔出针头,用干脱脂棉压迫止血 2～3 min。

(3)心脏采血　将狗固定在手术台上,前肢向背侧方向固定,暴露胸部,将左侧第 3～5 肋间的被毛剪去,用碘酒-酒精消毒皮肤。采血者用左手触摸左侧第 3～5 肋间处,选择心跳最明显处穿刺。一般选择胸骨左缘外 1 cm 的第 4 肋处。采血者用注射器(6 号半针头),由上述部位进针,并向动物背侧方向垂直刺入心脏。采血者可随针接触心跳的感觉,随时调整刺入方向和深度,摆动的角度应尽量小,以避免损伤心肌,或造成胸腔出血。当针头正确刺入心脏时,血即可进入注射器,可抽取较多血液。

(4)耳缘静脉采血　本法适用于血常规或微量酶活力检查等取血量较少时采血。有训练的狗不必绑嘴,剪去耳尖部的短毛,即可见耳缘静脉,基本操作与兔耳缘静脉采血相同。

(5)颈静脉采血　使动物固定或取侧卧位,剪去颈部被毛约 10 cm×3 cm,用碘酒-酒精消毒皮肤。将狗颈部拉直,头尽量后抑。用左手拇指压住颈静脉入胸部位的皮肤。使颈静脉怒张,右手持注射器(6 号半针头),沿血管从向心端斜行刺入血管。由于此静脉在皮下易滑动,针刺时需用左手固定血管,刺入部位要准确。取血后注意压迫止血。采用此法一次可取较多量的血。

猫的采血法基本与狗相同。常采用前肢皮下头静脉、后肢的股静脉、耳缘静脉取血。需大量血液时可从颈静脉取血。方法见前述。

5. 猴

(1)毛细血管采血　需血量少时,可在猴拇指或足跟等处采血。采血方法与人的手指或耳垂处的采血法相同。

(2)静脉采血　最适宜的采血部位是后肢皮下静脉及外颈静脉。后肢皮下静脉的采血方法可参照狗/猫采血部分。

从外颈静脉采血时,需把猴固定在猴台上,使之侧卧,头部略低于台面。助手协助固定猴的头部与肩部。先剪去颈部的被毛,以碘酒–酒精消毒,即可见位于上颌角与锁骨中点之间的怒张的外颈静脉。用左手拇指按住静脉,右手持注射器(6号半针头),操作方法与人的静脉取血相同。也可在肘窝、腕骨、手背及足背选静脉采血。但是,这些静脉更细、易滑动、穿刺难,血流出的速度慢。

(3)动脉采血　需血量较大时,可优先从股动脉取血,方法与狗的股动脉采血方法相似。或可从肱动脉与桡动脉采血。

6. 鸟(禽)类

鸟(禽)类的采血一般是从翼根静脉获取。采血时,将动物的翼展开,露出腋窝,将羽拔去,即可见到明显的翼根静脉,此静脉是由翼根进入腋窝的一条较粗的静脉。用碘酒–酒精消毒皮肤。抽血时,用左手拇指、示指压迫此静脉的向心端,血管即怒张。右手持注射器(5号半针头),针头由翼根向翼方向斜行刺入血管,即可抽血。正常情况下,一只成年个体可抽取 10～20 mL 血液。

在实际操作过程中,也可从右侧颈静脉取血。操作时,以示指和中指按住动物头的一侧,用酒精棉球消毒右侧颈静脉,以拇指轻压颈根部使静脉充血。右手持注射器斜行刺入静脉,即可取血。或可将注射器刺入心脏,直接取血(心脏取血)。

二、检索表的编制和使用

检索表是动物分类学研究的主要成果,同时也是分类学研究的重要工具。检索表广泛应用于各分类单元的鉴定。从事分类学工作,必须掌握检索表的编制和使用。表达准确、方便易用的检索表,应选用最明显的外部特征,而且要用绝对性状,而不用重叠的性状(如"体长 20～25 mm"与"翅长 22～28 mm"等);并以简洁、明确的文字表达出来,以便于读者查阅、使用。

根据编排方式的不同,通常所用的检索表包括包孕式、连续式和双项式 3 种类型。为简明起见,以林奈所订的7目昆虫(林奈的7目分类现已不用。其中的有吻目已被分为半翅目和同翅目;鞘翅目包括直翅目;无翅目包括很多无翅的目)为例,简要介绍于后。

(1)包孕式　包孕式检索表的优点是,各不同单元的关系明显而醒目,缺点是相对性状相离很远,尤其在冗长的检索中,篇幅较大。格式如下:

A. 有翅

　B. 口器咀嚼式

　　C. 翅 2 对

　　　D. 前翅膜质

　　　　E. 前翅不被鳞片

　　　　　F. 雌腹部末端有蜇刺 ………………………………… 膜翅目

　　　　　FF. 雌腹部末端无蜇刺 …………………………… 脉翅目

　　　　EE. 前翅密被鳞片 ……………………………………… 鳞翅目

　　　DD. 前翅角质 ………………………………………………… 鞘翅目

　　CC. 翅 1 对 ……………………………………………………… 双翅目

　BB. 口器刺吸式 ………………………………………………… 有吻目

AA. 无翅 ………………………………………………………………… 无翅目

（2）连续式（单项式）　连续式（单项式）检索表具有与包孕式检索表类似的优点，而且篇幅相对较小。但相对性状相距较远是其不足之处。格式如下：

1(12) 有翅

2(11) 口器咀嚼式

3(10) 翅 2 对

4(9) 前翅膜质

5(8) 前翅不被鳞片

6(7) 雌性腹部末端有蜇刺 …………………………………………… 膜翅目

7(6) 雌性腹部末端无蜇刺 …………………………………………… 脉翅目

8(5) 前翅密被鳞片 …………………………………………………… 鳞翅目

9(4) 前翅角质 ………………………………………………………… 鞘翅目

10(3) 翅 1 对 ……………………………………………………………… 双翅目

11(2) 口器刺吸式 ……………………………………………………… 有吻目

12(1) 无翅 ………………………………………………………………… 无翅目

（3）双项式　双项式是目前较为常用的形式。其优点是，相对的性状互相靠近，便于比较，循着号检索，使用简便，篇幅较小。其主要的不足之处在于各单元间的关系有时不甚明显。格式如下：

1 无翅 ………………………………………………………………………… 无翅目

　有翅 …………………………………………………………………………… 2

2 口器刺吸式 ……………………………………………………………… 半翅目

　口器咀嚼式 ……………………………………………………………………… 3

3 翅 1 对 ……………………………………………………………………… 双翅目

　翅 2 对 …………………………………………………………………………… 4

4 前翅角质 ………………………………………………………………… 鞘翅目

　前翅膜质 ………………………………………………………………………… 5

三、动物的生活史观察

德国著名动物学家海克尔(E. Haeckel)在《普通形态学》(1866年)中指出,"生物发展史可以分为两个相互密切联系的部分,即个体发育和系统发展,也就是个体的发育历史和由同一起源所产生的生物群的发展历史,个体发育史是系统发展史的简单而迅速的重演"。这就是著名的生物发生律(biogenetic law),或称重演律(recapitulation law)。因此,在动物进化生物学研究中,了解动物的个体发育具有极为重要的意义。

为此,将"家蚕的生活史"和"青蛙的胚胎发育和变态"两部分内容列于附录部分,供学有余力的同学参阅。在实际教学过程中,也可根据学生的兴趣和实验条件,将这些内容作为正式实验开设。

1. 家蚕的生活史观察

(1)目的　通过饲养家蚕,初步掌握家蚕的饲养技术;观察家蚕的卵、幼虫、蛹和成虫4个时期的形态特征;以了解昆虫的生活史和全变态发育过程。

(2)内容　①家蚕卵的孵化;②各龄幼虫的饲养,形态特征与行为的观察和记录;③蚕蛹、蚕蛾的形态特征及其繁殖行为的观察和记录。

(3)实验材料和用具　①蚕种,即蚕卵,可从蚕种场购买;②新鲜桑叶、棉纸、硬纸盒(或其他容器)、放大镜、稻草、白纸、剪刀等。

(4)实验操作及观察　在实验开始之前,必须用漂白粉澄清液将实验室及饲养用具彻底消毒。在饲养过程中,须保证桑叶新鲜、嫩绿、干燥且无残留农药;实验室应保持适宜的温度(1~3龄蚕为30 ℃,4~5龄25 ℃)、湿度(1~2龄蚕80%~85%;3龄75%~80%,4~5龄70%~75%)。注意防除鼠、蝇、蚊等。

1)蚕种的孵化　春季桑树发芽长出枝叶后,即可着手蚕种孵化。将蚕种放在垫有白纸的硬纸盒内,在室温(22~25 ℃)条件下孵化,约10 d,就可孵出小蚕(即1龄蚕),形似蚂蚁,俗称蚁蚕。

2)蚁蚕的收养与观察　在蚁蚕孵出前,将棉纸盖在蚕卵上,并在棉纸上撒些切细的桑叶,利用蚁蚕的趋食性,引诱蚁蚕爬上棉纸的下表面,即可收集蚁蚕。当蚁蚕数量较多时,可分装入几个纸盒内饲养。饲养过程中应经常观察,及时饲喂桑叶。

● 蚁蚕的形态、习性　刚孵出的蚁蚕,长约3 mm,体黑色多毛,前半部较粗。蚁蚕一出卵壳即能爬行,并啃食桑叶。

● 眠蚕和起蚕　数日后,蚕的皮肤绷紧发亮,食欲减退,进而停止运动和进食,体前半部向上昂起,好似睡眠一样。入眠1~2 d后,新皮长成,蜕去旧皮,逐渐恢复活动并开始进食。

3)2~4龄蚕的饲养与观察　1龄蚕蜕皮后成为2龄蚕。蚕体明显长大,此时,需相应增加桑叶的投喂量,并定时去除粪便和桑叶残渣。经一段时间后,幼蚕可再次蜕皮。每蜕一次皮,增加1龄,身体亦相应长大。选取3龄以上的大蚕,置于体视显微镜或放大镜下进行观察。

蚕的形态:体长圆筒形,分头、胸、腹3部分。

●头部　很小,上方有1对触角,两侧各有6只黑褐色的单眼;下方具咀嚼式口器;下唇中间有1小孔,为吐丝孔。

●胸部　由3个体节组成,各具1对胸足。进食时,胸足能协助口器把持桑叶。

●腹部　由10个体节组成,第3、4、5、6节各生有1对腹足,为蚕的运动器官。第10节有1对尾足,可用以挟持他物,固着身体。在第8节的背面,生有一尖形肉质突起,称尾角。

●气孔　在胸部第1节和腹部前8节,每节的两侧各生有1个气门,为呼吸器官(气管)的开口。

4)熟蚕的管理　进入5龄后约1个周,蚕即停止进食,并开始吐丝。此时可在纸盒内放些麦草或稻草,以供熟蚕依附、吐丝结茧。

5)吐丝结茧　在稻草上选择适当位置后,蚕即开始吐丝结茧。由吐丝孔中吐出的透明液滴黏附在稻草上,此时立即摆动头部,使半液态的液滴被拉成细丝并凝固成为蚕丝。蚕的头部不停地作"S"形或"8"字形摆动。随着丝的不断分泌,逐渐结成椭圆形的蚕茧,蚕终将自身包于蚕茧中。

6)化蛹　蚕开始结茧的2~3 d后,剪开茧,将吐尽丝的蚕暴露出来,进行观察。

随着蚕丝吐尽,蚕体渐渐缩短;腹足、尾角萎缩,腹部前弯、僵卧不动。接着胸背前端出现"T"形裂缝,腹部蠕动,蜕去旧皮,即成为蛹。蛹粗短,纺锤形;触角、复眼、翅等明显可见;腹足、尾角消失;从第2~7腹节两侧都有发达的气门。

7)羽化过程　经10 d左右,蛹的颜色逐渐增深至黑褐色。随后,胸部背面出现裂缝,蚕蛾从裂缝中钻出。

刚羽化的蚕蛾体湿润,翅下垂,柔软皱缩,但很快便干燥展开;口器退化,不进食;有翅,但飞翔能力完全退化;雌蛾触角灰色,栉齿状,腹部肥大;雄蛾触角黑色,羽毛状,腹部狭长;羽化不久即开始交配、产卵,产卵可延续2~3 d。

综上所述,家蚕的生活史要经过卵、幼虫、蛹和成虫等4个阶段,属于完全变态。

(5)思考题　在部分昆虫的个体发育过程中完全变态过程主要包括哪些阶段(以家蚕生活史为例)?

2. 蛙的胚胎发育和变态观察

(1)目的　了解蛙从受精卵到神经胚的胚胎发育过程中的一系列形态变化;早期主要器官的形成及由蝌蚪发育至幼蛙的变态过程。

(2)内容　①胚胎发育不同阶段蛙胚的装片及切片观察;②不同发育时期蛙的蝌蚪和幼体浸制标本观察。

（3）实验材料和用具　蛙的受精卵2、4、8、16、32细胞期分裂球的装片；囊胚晚期纵切面切片，原肠早期、原肠晚期正中切面切片；神经板期、神经褶期、神经管期横切面切片；3～4 mm蛙胚的正中纵切面切片；蛙蝌蚪期至幼蛙变态过程的系列浸制标本。

双筒显微镜、体视显微镜、解剖器械等。

（4）实验操作及观察

1）蛙卵观察　在体视显微镜下观察，可见蛙卵为端黄卵，卵黄分布不均匀，集中在一端，其中颜色较深的部分为动物极，颜色较浅的部分为植物极。细胞核位于动物极，细胞质的外部往往有大量的色素颗粒。卵的外面有由输卵管所分泌的保护性胶膜。受精后，卵外面的胶膜因吸水而膨大。

卵裂与囊胚期、原肠胚期、神经胚期是并列关系。

2）蛙胚胎发育观察

● 卵裂：分别取2～32细胞期的蛙卵分裂球装片，置于体视显微镜下，观察卵裂的过程。卵裂是受精卵依照一定的规律进行重复分裂的现象。蛙的卵裂方式为不等全裂。前一次分裂尚未完成，即开始下一次卵裂。

2细胞期：蛙卵的第1次卵裂为经裂。卵裂沟首先出现于动物极，再向植物极延伸，把受精卵分为大小相同的2个分裂球。

4细胞期：第2次卵裂仍为经裂。分裂面与第1次的分裂面垂直，其结果形成大小相同的4个分裂球。

8细胞期：第3次分裂是纬裂。分裂面位于赤道面上方，与前2次的分裂面垂直，形成上、下两层8个分裂球，上层4个较小，下层的4个较大。

16细胞期：第4次分裂为经裂。由2个经裂面同时将8个分裂球分为16个分裂球。

32细胞期：第5次分裂为纬裂。由2个分裂面同时把上、下2层分裂球分成4层，每层仍为8个分裂球，共32个分裂球。这次分裂时，上层略快于下层。以后的卵裂则变得不甚规则，而且速度也不一致。因此，两栖动物的卵裂为不等全裂。

● 囊胚期　蛙卵进行第6次分裂后即进入囊胚期。此时分裂球的形状像个篮球。由于动物极和植物极细胞的不等速分裂，使动物极的细胞小而植物极的细胞较大。随着卵裂的进行，分裂球逐渐变小，至囊胚晚期，分裂球变得更小，同时其细胞的数量则相应地增加。

将蛙的囊胚晚期纵切面切片置于低倍显微镜下观察，可见在囊胚的内部偏向动物极的一侧有一囊胚腔（或称分裂腔）。动物极细胞分界明显，而植物极的细胞外形模糊。囊胚腔的顶部大约由4层动物半球的小细胞组成，最外层的细胞有深的色素；囊胚腔底部的大细胞层数较多，细胞内储存有卵黄颗粒。

● 原肠胚期

原肠早期：取蛙原肠胚早期切片置于低倍显微镜下观察，可见在囊胚的边缘带，即在胚胎赤道下方，出现一个横的浅沟或深的凹陷（这是原肠胚的最初标志），此凹陷处即为胚孔。浅沟的背缘为背唇。背唇的出现标志着胚胎出现了背、腹面。背唇以上的区域将来成为胚胎的背部；背唇下方的区域即为胚胎的腹面。背唇下面的浅沟渐深，出现一个弧形小腔，将来发展成原肠腔。

背唇出现以后,随着动物极细胞不断分裂,向下移动,覆盖卵黄细胞的运动逐渐加速,此即外包。同时,细胞从背唇向内不断卷入。原肠逐渐扩大,许多细胞不断向背唇集中、卷入,背唇由新月形不断向两侧扩展(形成侧唇)、弯曲并逐渐形成半圆形,此时就进入原肠中期。

原肠晚期:在显微镜下观察蛙胚原肠晚期的纵切片。从切片可见,此时期胚胎侧唇向腹面继续延伸,相遇后形成腹唇。由背唇、腹唇围成一个环形孔,称为胚孔。胚孔被乳白色的卵黄细胞所充满,称为卵黄栓。至原肠晚期,可见到裂缝状的原肠腔。

蛙胚原肠胚形成的过程中,细胞经过一系列的移动和重新排列,结果就形成了动物的3个胚层,即外胚层、内胚层和外胚层。原肠胚的外表面被一细胞层(未来的外胚层)所覆盖。外胚层可辨别出2个部分,即表皮外胚层和神经板外胚层。由胚孔的背唇和侧唇内卷进去的细胞形成未来脊索和背中胚层。

● 神经胚期　原肠胚发育到最后,其向外的开口——胚孔逐渐缩小,在胚胎的背面开始出现2条互相平行的隆起,这2条隆起逐渐联合起来,即形成神经管。胚胎发育的这一时期为神经胚期。在神经胚期,除形成神经管外,还形成了脊索和体腔。这个过程可在蛙胚神经褶晚期横切片上观察到。

脊索的形成:在原肠胚晚期切片上所看到的经胚孔内卷入的动物半球的细胞,将来形成脊索中胚层和中胚层。脊索中胚层位于原肠的背壁,中胚层则位于原肠前侧壁,这两部分最初均为连续的一层。随后,脊索中胚层的细胞与原肠背部及两侧的内胚层细胞分离。分离后,脊索中胚层的背中线部分较厚,称为脊索板,后来其两侧的内胚层沿脊索板两侧裂开,中间的脊索板完全脱离原肠,逐渐形成脊索。

中胚层的发生:在脊索中胚层形成脊索的同时,位于原肠两侧壁的中胚层首先与脊索中胚层分离。随着胚胎的继续发育,邻近原肠腔的中胚层组成侧中胚层。侧中胚层分裂为两层,靠近外胚层的是体壁中胚层,位于内胚层外面的是脏壁中胚层。侧中胚层沿胚体两侧外胚层与中胚层之间向下伸展,于腹中线处相汇合并打通,形成一个连续的腔,即为体腔。

神经管的发生:蛙胚神经管的形成过程可分为神经板期、神经褶期和神经管等3个阶段。

第一阶段:神经板期。从神经板期蛙胚横切片上可见,胚胎背中部的外胚层厚而平坦,此即神经板。神经板由外部的色素表皮层和内侧的神经层组成。神经板腹面中央为脊索。脊索两侧是中胚层,脊索腹面的腔即为原肠腔。

第二阶段:神经褶期。从此期蛙胚的横切片上可以看到,神经板边缘两侧的细胞向背侧隆起,形成神经褶。两侧的神经褶逐渐靠拢,在此过程中,原肠腔逐渐缩小。

第三阶段:神经管期。从此期蛙胚横切片的观察可见,神经褶已在背侧合并为神经管,并已与上方的表皮外胚层分开。神经管腹面的实心细胞团是脊索。位于脊索两侧的是脊索中胚层和侧中胚层。此期之后,蛙的胚胎继续生长发育,胚胎长度不断增加。按其长度可分为3 mm、6 mm、9 mm等时期的胚胎。

3~4 mm的蛙胚的正中切面观察　从切片上可见,在胚胎的背部有1条从前端伸至后端的神经管。神经管前端膨大处为脑泡,已分化出前脑泡、中脑泡和后脑泡。在神经管腹面有 1 条细长的细胞带,从头的前端伸向胚体后端,此即为脊索。在脊索前端腹面有一大的空腔,为咽和前肠,其后端腹面好即为肠。在前肠腹面,有一伸向腹后方的长管状突起,称为肝突,将来发育成肝脏。在肝突之前的部分,为心脏原基。蛙胚的肌节呈明显的"《"形。

当胚胎发育到长约 6 mm 时,胚胎脱离胶膜,变成自由生活的蝌蚪。蝌蚪不断生长,经历一系列变态过程后,最终成为成体蛙。

(5)示范

1)刚孵出的蝌蚪　观察刚孵出的蝌蚪,可见其身体呈鱼形,无四肢,仅具有一侧扁的长尾,用以游泳。从尾的两侧透过皮肤,可以看到其内部有显著前肌节。此期的蝌蚪已有头、躯干和尾部之分。另外,刚孵出的蝌蚪具有马蹄形的腹吸盘,吸盘上的黏液可使其粘附在水草等物体上。

2)具有外鳃和口部的蝌蚪　蝌蚪孵出 2~3 d 后,腹吸盘开始退化,逐渐缩小并最终消失。与此同时,在头部两侧长出 3 对有分支的羽状外鳃。外鳃来自于外胚层,具有呼吸的功能。随后口部出现,肠管的长度增加。

3)外鳃消失的蝌蚪　外鳃生出不久,在蝌蚪的头部出现了覆盖于鳃裂上的皱褶,不久即在生鳃区域的后下方与身体并合而将外鳃掩盖。外鳃逐渐萎缩,但左侧尚保留 1 个外孔与外界相通,水流可经此鳃孔流出去,蝌蚪的呼吸功能被 4 对内鳃所代替。这一时期的蝌蚪的颌骨上已生有角质齿。因此,蝌蚪由刚孵出时靠消化卵黄为生,逐渐转变为以草为食。

4)刚长出后肢的幼蛙　蝌蚪自由生活约 3 个月以后,开始变态。首先从尾的基部向两侧各生出一个小乳头状突起,逐渐生长并最终发育形成 1 对后肢。

5)具有四肢和尾的幼蛙　后肢出现后不久,幼蛙开始长出前肢。其发生的情况,与后肢相似。此时,幼蛙还具有一条很长的尾。

6)尾消失的幼蛙　随着前、后肢的出现,幼蛙的尾部逐渐萎缩,并最终完全消失。

在变态过程中,蝌蚪的身体外形和内部结构均发生了一系列变化,如口部变阔、角质齿消失、在上、下口唇部生有横裂的细齿、鼓膜发生、眼睛变化、后肢伸长、身体外形由椭圆形逐渐变长等。随着内鳃隐缩并逐渐被吸收,肺囊迅速发育并取代鳃执行呼吸机能。自此之后,幼蛙完成变态,开始登陆生活。

(6)思考题　①掌握蛙胚胎发育中脊索的形成过程。②蛙的神经管是怎样形成的?③蛙的体腔是怎样形成的? ④什么是变态? 蛙变态期间要经历哪几个主要阶段?

四、国家重点保护野生动物名录

（1988 年 12 月 10 日国务院批准 1989 年 1 月 14 日林业部农业部发布施行）

中名	学名	保护级别 I 级	保护级别 II 级
兽纲 MAMMALIA			
灵长目	PRIMATES		
懒猴科	Lorisidae		
蜂猴（所有种）	*Nycticebus* spp.	I	
猴科	Cercopithecidae		
熊猴	*Macaca assamensis*	I	
台湾猴	*Macaca cyclopis*		
猕猴	*Macaca mulatta*		II
豚尾猴	*Macaca nemestrina*	I	
藏酋猴	*Macaca thibetana*		II
叶猴（所有种）	*Prsbytis* spp.	I	
金丝猴（所有种）	*Rhinopithecus* spp.	I	
猩猩科	Pongidae		
长臂猿（所有种）	*Hylobates* spp.	I	
鳞甲目	PHOLIDOTA		
鲮鲤科	Manidae		
穿山甲	*Manis pentadactyla*	I	
食肉目	CARNIVORA		
犬科	Canidae		
豺	*Cuon alpinus*		
熊科	Ursidae		
黑熊	*Selenaretos thibetanus*		
棕熊	*Ursus arctos*		II
（包括马熊）	（*U. a. pruinosus*）		
马来熊	*Hclarctos malayanus*	I	
兽纲 MAMMALIA			
浣熊科	Procynidae		
小熊猫	*Ailurus fulgens*		II
大熊猫科	Ailuropodidae		
大熊猫	*Ailuropoda melanoleuca*	I	
鼬科	Mustelidae		

续表

中名	学名	保护级别	
		I 级	II 级
石貂	*Martes foina*		II
紫貂	*Martes zibellina*	I	
黄喉貂	*Martes flavigula*		II
貂熊	*Gulo gulo*	I	
* 水獭(所有种)	*Lutra* spp.		II
* 小爪水獭	*Aonyx cinerea*		II
灵猫科	Viverridae		
斑林狸	*Prionodon pardicolor*		II
大灵猫	*Viverra zibetha*		II
小灵猫	*Viverricula indica*		II
熊狸	*Arctictis binturong*	I	
猫科	Feidae		
草原斑猫	*Felis lybica*(=*silvestris*)		II
荒漠猫	*Felis bieti*		II
丛林猫	*Felis chaus*		II
猞猁	*Felis lynx*		II
兔狲	*Felis manul*		II
金猫	*Felis temmincki*		II
渔猫	*Felis viverrinus*		II
云豹	*Neofelis nebulosa*	I	
豹	*Panthera pardus*	I	
虎	*Panthera tigris*	I	
雪豹	*Panthera uncia*	I	
* 鳍足目(所有种)	PINNIIEDIA		II

兽纲 MAMMALIA

海牛目	SIRENIA		
儒艮科	Dugongidae		
* 儒艮	*Dugong dugong*	I	
鲸目	CETACEA		
喙豚科	Platanistidae		
* 白鳍豚	*Lipotes vexillifer*	I	
海豚科	Delphinidae		
* 中华白海豚	*Sousa chinensis*	I	
* 其他鲸类	(Cetacea)		II
长鼻目	PROBOSCIDEA		

续表

中名	学名	保护级别	
		I 级	II 级
象科	Elephantidae		
亚洲象	*Elephas maximus*	I	
奇蹄目	PERISSODACTYLA		
马科	Equidae		
蒙古野驴	*Equus hemionus*	I	
西藏野驴	*Equus kiang*	I	
野马	*Equus przewalskii*	I	
偶蹄目	ARTIODACTYLA		
驼科	Camelidae		
野骆驼	*Camelus feruse* (= *bactrianus*)	I	
鼷鹿科	Tragulidae		
鼷鹿	*Tragulus javanicus*	I	
麝科	Moschidae		
麝(所有种)	*Moschus* spp.		II
鹿科	Cervidae		
河麂	*Hydropotes inermis*		II
黑麂	*Muntiacus crinifrons*	I	
白唇鹿	*Cervus albirostris*	I	
马鹿	*Cervus elaphus*		II

兽纲 **MAMMALIA**

(包括白臀鹿)	(*C. e. macneilli*)		
坡鹿	*Cervus eldi*	I	
梅花鹿	*Cervus nippon*	I	
豚鹿	*Cervus porcinus*	I	
水鹿	*Cervus unicolor*		II
麋鹿	*Elaphurus davidianus*	I	
驼鹿	*Alces alces*		II
牛科	Bovidae		
野牛	*Bos gaurus*	I	
野牦牛	*Bos mutus* (= *grunniens*)	I	
黄羊	*Procapra gutturosa*		II
普氏原羚	*Procapra przewalskii*	I	
藏原羚	*Procapra picticaudata*		II
鹅喉羚	*Gazella subgutturosa*		II

续表

中名	学名	保护级别	
		Ⅰ级	Ⅱ级
藏羚	*Pantholops hodysoni*	Ⅰ	
高鼻羚羊	*Saiga tatarica*	Ⅰ	
扭角羚	*Budorcas taxicolor*	Ⅰ	
鬣羚	*Capricornis sumatraensis*		Ⅱ
台湾鬣羚	*Capricornis crispus*	Ⅰ	
赤斑羚	*Naemorhedus cranbrooki*	Ⅰ	
斑羚	*Naemorhedus goral*		Ⅱ
塔尔羊	*Hemitragus jemlahicus*	Ⅰ	
北山羊	*Capra ibex*	Ⅰ	
岩羊	*Pseudois nayaur*		Ⅱ
盘羊	*Ovis ammon*		Ⅱ
兔形目	LAGOMORPHA		
兔科	*Leporidae*		
海南兔	*Lepus peguensis hainanus*		Ⅱ
雪兔	*Lepus timidus*		Ⅱ

兽纲 MAMMALIA

塔里木兔	*Lepus yarkandensis*		Ⅱ
啮齿目	RODENTLA		
松鼠科	Sciuridae		
巨松鼠	*Ratufa bicolor*		Ⅱ
河狸科	Castoridae		
河狸	*Castor fiber*	Ⅰ	

鸟纲 AVES

䴙䴘目	PODICIPEDIFORMES		
䴙䴘科	Podicipedidae		
角䴙䴘	*Podiceps auritus*		Ⅱ
赤颈䴙䴘	*Podiceps grisegena*		Ⅱ
鹱形目	PROCELLARIIFORMES		
信天翁科	Diomedeidae		
短尾信天翁	*Diomedea albatrus*	Ⅰ	
鹈形目	PELECANIFORMES		
鹈鹕科	Pelecanidae		
鹈鹕(所有种)	*Pelecanus* spp.		Ⅱ

续表

中名	学名	保护级别	
		I 级	II 级
鲣鸟科	Sulidae		
鲣鸟(所有种)	*Sula* spp.		II
鸬鹚科	Phalacrocoracidae		
海鸬鹚	*Phalacrocorax pelagicus*		II
黑颈鸬鹚	*Phalacrocorax niger*		II
军舰鸟科	Fregatidae		
白腹军舰鸟	*Fregata andrewsi*	I	
鹳形目	CICONIIFORMES		
鹭科	Ardeidae		
黄嘴白鹭	*Egretta eulophotes*		II
岩鹭	*Egretta sacra*		II
海南虎斑鳽	*Gorsachius magnificus*		II

鸟纲 AVES			
小苇鳽	*Ixbrychus minutus*		II
鹳科	Ciconiidae		
彩鹳	*Ibis leucocephalus*		II
白鹳	*Ciconia ciconia*	I	
黑鹳	*Ciconin migra*	I	
鹮科	Threskiornithidae		
白鹮	*Threskiornis aethiopicu*		II
黑鹮	*Pseudibis papillosa*		II
朱鹮	*Nipponia nippon*	I	
彩鹮	*Plegadis falcinellus*		II
白琵鹭	*Platalea leucorodia*		II
黑脸琵鹭	*Platalea minor*		II
雁形目	ANSERIFORMES		
鸭科	Anatidae		
红胸黑雁	*Branta ruficollis*		II
白额雁	*Anser albifrons*		II
天鹅(所有种)	*Cygnus* spp.		II
鸳鸯	*Aix galericulata*		II
中华秋沙鸭	*Mergus squamatus*	I	

续表

中名	学名	保护级别 I级	II级
隼形目	FALCONIFORMES		
鹰科	Accipitridae		
金雕	*Aquila chrysaetos*	I	
白肩雕	*Aquila heliaca*	I	
玉带海雕	*Haliaeetus leucoryphus*	I	
白尾海雕	*Haliaeetus albcilla*	I	
虎头海雕	*Haliaeetus pelagicus*	I	
拟兀鹫	*Pseudogyps bengalensis*	I	
胡兀鹫	*Gypaetus barbatus*	I	
其他鹰类	（Accipitridae）		II

鸟纲 AVES			
隼科(所有种)	Falconide		II
鸡形目	GALLIFORMES		
松鸡科	Tetraonidae		
细嘴松鸡	*Tetrao parvirostris*	I	
黑琴鸡	*Lyrurus tetrix*		II
柳雷鸟	*Lagopus lagopus*		II
岩雷鸟	*Lagopus mutus*		II
镰翅鸟	*Falcipennis falcipennis*		II
花尾榛鸡	*Tetrastes bonasia*		II
斑尾榛鸡	*Tetrastes sewerzowi*	I	
雉科	Phasianidae		
雪鸡(所有种)	*Tetraogallus* spp.		II
雉鹑	*Tetraophasis obscurus*	I	
四川山鹧鸪	*Arborophila rufipectus*	I	
海南山鹧鸪	*Arborophila ardens*	I	
血雉	*Ithaginis cruentus*		II
黑头角雉	*Tragopan melanocephalus*	I	
红胸角雉	*Tragopan satyra*	I	
灰腹角雉	*Tragopan biythii*	I	
红腹角雉	*Tragopan temminckii*		II
黄腹角雉	*Tragopan caboti*	I	

续表

中名	学名	保护级别	
		Ⅰ级	Ⅱ级
虹雉(所有种)	*Lophophorus* spp.	Ⅰ	
藏马鸡	*Crossoptilon crossoptilon*		Ⅱ
蓝马鸡	*Crossoptilon auritum*		Ⅱ
褐马鸡	*Crossoptilon mantchuricum*	Ⅰ	
黑鹇	*Lophura leucomalana*		Ⅱ
白鹇	*Lophura nycthemera*		Ⅱ
蓝鹇	*Lophura swinhoii*	Ⅰ	
原鸡	*Gallus gallus*		Ⅱ

鸟纲 AVES

中名	学名	Ⅰ级	Ⅱ级
勺鸡	*Pucrasia macrolopha*		Ⅱ
黑颈长尾雉	*Syrmaticus humiae*	Ⅰ	
白冠长尾雉	*Syrmaticus reevesii*		Ⅱ
白颈长尾雉	*Syrmaticus ellioti*	Ⅰ	
黑长尾雉	*Syrmaticus mikado*	Ⅰ	
锦鸡(所有种)	*Chrysolophus* spp.		Ⅱ
孔雀雉	*Polyplectron bicalcaratum*	Ⅰ	
绿孔雀	*Pavo muticus*	Ⅰ	
鹤形目	GRUIGORMES		
鹤科	Gruidae		
灰鹤	*Grus grus*		Ⅱ
黑颈鹤	*Grus nigricollis*	Ⅰ	
白头鹤	*Grus monacha*	Ⅰ	
沙丘鹤	*Grus canadensis*		Ⅱ
丹顶鹤	*Grus japonensis*	Ⅰ	
白枕鹤	*Grus vipio*		Ⅱ
白鹤	*Grus leucogeranus*	Ⅰ	
赤颈鹤	*Grus antigone*	Ⅰ	
蓑羽鹤	*Anthropoides virgo*		Ⅱ
秧鸡科	Rallisae		
长脚秧鸡	*Crex crex*		Ⅱ
姬田鸡	*Porzana parva*		Ⅱ

续表

中名	学名	保护级别	
		Ⅰ级	Ⅱ级
棕背田鸡	*Porzana bicolor*		Ⅱ
花田鸡	*Coturnicops noveboracensis*		Ⅱ
鸨科	Otidae		
鸨(所有种)	*Otis* spp.	Ⅰ	
鸻形目	CHARADRIIFORMES		
雉鸻科	Jacanidae		
铜翅水雉	*Metopidius indicus*		Ⅱ

鸟纲 AVES			
鹬科	Solopacidae		
小杓鹬	*Numenius borealis*		Ⅱ
小青脚鹬	*Tringa guttifer*		Ⅱ
燕鸻科	Glarcolidae		
灰燕鸻	*Glareola lactea*		Ⅱ
鸥形目	LARIFORMES		
鸥科	Laridae		
遗鸥	*Larus relictus*	Ⅰ	
小鸥	*Larus minutus*		Ⅱ
黑浮鸥	*Chlidonias niger*		Ⅱ
黄嘴河燕鸥	*Sterna aurantia*		Ⅱ
黑嘴端凤头燕鸥	*Thalasseus zimmrtmanni*		Ⅱ
鸽形目	COLUMBIFORMES		
沙鸡科	Pteroclididae		
黑腹沙鸡	*Pteroles orientalis*		Ⅱ
鸠鸽科	Columbidae		
绿鸠(所有种)	*Treron* spp.		Ⅱ
黑颏果鸠	*Ptilinopus leclancheri*		Ⅱ
皇鸠(所有种)	*Ducula* spp.		Ⅱ
斑尾林鸽	*Columba palumbus*		Ⅱ
鹃鸠(所有种)	*Macropygia* spp.		Ⅱ
鹦形目	PSITTACIFORMES		
鹦鹉科(所有种)	Psittacidae		Ⅱ

续表

中名	学名	保护级别	
		I 级	II 级
鹃形目	CUCULIFORMES		
杜鹃科	Cuculidae		
鸦鹃(所有种)	*Centropus* spp.		II
鸮形目(所有种)	STRIGIFORMES		II
雨燕目	APODIFORMBS		
雨燕科	Apodidae		

鸟纲 AVES

灰喉针尾雨燕	*Hirundapus cochinchinensis*		II
凤头雨燕科	Hemiprocnidae		
凤头雨燕	*Hemiprocne longipennis*		II
咬鹃目	TROGONIFORMES		
咬鹃科	Trogonidae		
橙胸咬鹃	*Harpactes oreskios*		II
佛法僧目	CORACIIFORMES		
翠鸟科	Alcedinidae		
蓝耳翠鸟	*Alcedo meninting*		II
鹳嘴翠鸟	*Pelargopsis capensis*		II
蜂虎科	Meropidae		
黑胸蜂虎	*Merops leschenaulti*		II
绿喉蜂虎	*Merops orientalis*		II
犀鸟科(所有种)	Bucerotidae		II
鴷形目	PICIFORMES		
啄木鸟科	Picidae		
白腹黑啄木鸟	*Dryocopus javensis*		II
雀形目	PASSERIFORMES		
阔嘴鸟科(所有种)	Eurylaimidae		II
八色鸫科(所有种)	Pittidae		II

爬行纲 REPTILIA

龟鳖目	TESTUDOFORMES		
龟科	Emydidae		
*地龟	*Geoemyda spengleri*		II

续表

中名	学名	保护级别	
		I 级	II 级
*三线闭壳龟	*Cuora trifasciata*		II
*云南闭壳龟	*Cuora yunnanensis*		II
陆龟科	Testudinidae		
四爪陆龟	*Testudo horsfeldi*	I	
凹甲陆龟	*Manouria impressa*		II

爬行纲 REPTILIA

海龟科	Cheloniidae		
*蠵龟	*Caretta caretta*		II
*绿海龟	*Chelonia mydas*		II
*玳瑁	*Eretmochelys imbricata*		II
*太平洋丽龟	*Lepidochelys olivacea*		
棱皮龟科	Dermochelyidae		
*棱皮龟	*Dermochelys coriacea*		II
鳖科	Trionychidae		
*鼋	*Pelochelys bibroni*	I	
*山瑞鳖	*Trionyx steindachneri*		II
蜥蜴目	LACERTIFORMES		
壁虎科	Gekkonidae		
大壁虎	*Gekko gecko*		II
鳄蜥科	Shinisauridae		
鳄蜥	*Shinisaurus crocodilurus*	I	
巨蜥科	Varanidae		
巨蜥	*Varanus salvator*	I	
蛇目	SERPENTIFORMES		
蟒科	Boidae		
蟒	*Python molurus*	I	
鳄目	CROCODILIFORMES		
鳄科	Alligatoridae		
扬子鳄	*Alligator sinensis*	I	

两栖纲 AMPHIBIA

有尾目	CAUDATA		
隐鳃鲵科	Cryptobranchidae		

续表

中名	学名	保护级别	
		I 级	II 级
*大鲵	*Andrias davidianus*		II
蝾螈科	Salamandridae		
*细痣疣螈	*Tylototriton asperrimus*		II
*镇海疣螈	*Tylototriton chinhaiensis*		II

两栖纲 AMPHIBIA			
*贵州疣螈	*Tylototriton kweichowensis*		II
*大凉疣螈	*Tylototriton taliangensis*		II
*红瘰疣螈	*Tylototriton verrucosus*		II
无尾目	ANURA		
蛙科	Ranidae		
虎纹蛙	*Rana tigrina*		II

鱼纲 PISCES			
鲈形目	PERCIFORMES		
石首鱼科	Sciaenidae		
*黄唇鱼	*Bahaba flavolabiata*		II
杜父鱼科	Cottidae		
*松江鲈鱼	*Trachidermus fasciatus*		II
海龙鱼目	SYNGNATHIFORMES		
海龙鱼科	Syngnathidae		
*克氏海马鱼	*Hippocampus kelloggi*		II
鲤形目	CYPRINIFORMES		
胭脂鱼科	Catostomidae		
*胭脂鱼	*Myxocyprinus asiaticus*		II
鲤科	Cyprinidae		
*唐鱼	*Tanichthys albonubes*		II
*大头鲤	*Cyprinus pellegrini*		II
*金线鲃	*Sinocyclocheilus grahami*		II
*新疆大头鱼	*Aspiorhynchus laticeps grahami*	I	
*大理裂腹鱼	*Schizothorax talensis*		II

续表

中名	学名	保护级别	
		Ⅰ级	Ⅱ级
鳗鲡目	ANGUILLIFORMES		
鳗鲡科	Anguillidae		
*花鳗鲡	*Anguilla marmorata*		Ⅱ
鲑形目	SALMONIFORMES		
鲑科	Salmonidae		
	鱼纲 PISCES		
*川陕哲罗鲑	*Hucho bleekeri*		Ⅱ
*秦岭细鳞鲑	*Brachymystax lenok tsinlingensis*		Ⅱ
鲟形目	ACIPENSERIFORMES		
鲟科	Acipenseridae		
*中华鲟	*Acipenser sinensis*	Ⅰ	
*达氏鲟	*Acipenser dabryanus*	Ⅰ	
匙吻鲟科	Polyodontidae		
*白鲟	*Psephurus gladius*	Ⅰ	
	文昌鱼纲 APPENDICULARIA		
文昌鱼目	AMPHIOXIFORMES		
文昌鱼科	Branchiostomatidae		
*文昌鱼	*Branchiostoma belcheri*		Ⅱ
	珊瑚纲 ANTHOZOA		
柳珊瑚目	GORGONACEA		
红珊瑚科	Coralliidae		
*红珊瑚	*Corallium* spp.	Ⅰ	
	腹足纲 GASTROPODA		
中腹足目	MESOGASTROPODA		
宝贝科	Cypraeidae		
*虎斑宝贝	*Cypraea tigris*		Ⅱ
冠螺科	Cassididae		
*冠螺	*Cassis cornuta*		Ⅱ
	瓣鳃纲 LAMELLIBRANCHIA		
异柱目	ANISOMYARIA		
珍珠贝科	Pteriidae		

续表

中名	学名	保护级别	
		I 级	II 级
＊大珠母贝	*Pinctada maxima*		II
真瓣鳃目	EULAMELLIBRANCHIA		
砗磲科	Tridacnidae		
＊库氏砗磲	*Tridacna cookiana*	I	

瓣鳃纲 LAMELLIBRANCHIA

蚌科	Unionidae		
＊佛耳丽蚌	*Lamprotula mansuyi*		II

头足纲 CEPHALOPODA

四鳃目	TETRABRANCHIA		
鹦鹉螺科	Nautilidae		
＊鹦鹉螺	*Nautilus pompilius*	I	

昆虫纲 INSECTA

双尾目	DIPLURA		
铗叭科	Japygidae		
伟铗虯	*Atlasjapyx atlas*		II
蜻蜓目	ODONATA		
箭蜓科	Gomphidae		
尖板曦箭蜓	*Heliogomphus retroflexus*		II
宽纹北箭蜓	*Ophiogomphus spinicorne*		II
缺翅目	ZORAPTERA		
缺翅虫科	Zorotypidae		
中华缺翅虫	*Zorotypus sinensis*		II
墨脱缺翅虫	*Zorotypus medoensis*		II
蛩蠊目	GRYLLOBLATTODEA		
蛩蠊科	Grylloblattidae		
中华蛩蠊	*Galloisiana sinensis*	I	
鞘翅目	COLEOPTERA		
步甲科	Carabidae		
拉步甲	*Carabus* (*Coptolabrus*) *lafossei*		II
硕步甲	*Carabus* (*Apotopterus*) *davidi*		II

续表

中名	学名	保护级别 I级	保护级别 II级
臂金龟科	Euchiridae		
彩臂金龟(所有种)	*Cheirotonus* spp.		II
犀金龟科	Dynastidae		
叉犀金龟	*Allomyrina davidis*		II

昆虫纲 INSECTA

鳞翅目	LEPIDOPTERA		
凤蝶科	Papilionidae		
金斑喙凤蝶	*Teinopalpus aureus*	I	
双尾褐凤蝶	*Bhutanitis mansfieldi*		II
三尾褐凤蝶	*Bhutanitis thaidina dongchuanensis*		II
中华虎凤蝶	*Luehdorfia chinensis huashanensis*		II
绢蝶科	Parnassidae		
阿波罗绢蝶	*Parnassius apollo*		II

肠鳃纲 ENTEROPNEUSTA

柱头虫科	Balanoglossidae		
*多鳃孔舌形虫	*Glossobalanus polybranchioporus*	I	
玉钩虫科	Harrimaniidae		
*黄岛长吻虫	*Saccoglossus hwangtauensis*	I	

注:标"*"者由渔业行政管理部门主管,其余由林业主管部门主管。

参考文献

[1]丁汉波.无脊椎动物学[M].北京:高等教育出版社,1983.

[2]中国科学院生物多样性委员会.生物多样性研究的原理与方法[M].北京:中国科学技术出版社,1994.

[3]北京师范大学,华东师范大学.动物生态学实验指导[M].北京:高等教育出版社,1983.

[4]刘凌云,郑光美.普通动物学实验指导[M].3版.北京:高等教育出版社,1997.

[5]江静波.无脊椎动物学[M].北京:高等教育出版社,1995.

[6]杨安峰.脊椎动物学实验指导[M].北京:北京大学出版社,1984.

[7]陈广文,李仲辉,牛红星等.动物学实验指导[M].兰州:兰州大学出版社,2004.

[8]和振武,许人和.无脊椎动物实验和野外实习[M].郑州:河南教育出版社,1992.

[9]黄诗笺.动物生物学实验指导[M].北京:高等教育出版社,施普林格出版社,2001.

[10]路纪琪,张书杰.动物生物学与生理学实验指导[M].郑州:郑州大学出版社,2008.

[11]赛道建,贾少波.普通动物学实验教程[M].北京:科学出版社,2010.

[12]Richard D J. Animal Biology[M].北京:科学出版社,1993.

[13]Stephen A M, John P H. Zoology[M].北京:高等教育出版社,2004.

后　记

　　岁月倥偬，卅年俱往。

　　1986年6月中旬，我完成了在兰州大学动物学专业的学习生活，收拾好行囊，带好毕业证（当年的毕业证、学位证两证合一）和派遣证，服从分配，准备奔赴工作单位报到。孰料天公不作美，出行不顺。临行之时，适逢陇海铁路宝（鸡）-天（水）段被大雨冲毁而中断运行（那时候，这似乎是个大概率事件）。于是，先坐12小时的火车（慢车）从兰州到天水。然后，改乘汽车从天水到宝鸡，又是12小时。在宝鸡火车站等到天亮，再乘火车（当然还是慢车）继续行程。终于，我的教师职业生涯的起点——河南师范大学，到了。

　　我被分配到生物系动物学教研室，算是专业对口吧。工作之初，我接触到的第一门课程就是动物学实验。但是，真正独立担纲则经历了几多磨炼。首先，要给老教师当助教，一起准备实验，听老教师讲课，学习并体会老教师的讲解与操作。走过一遍之后，心里基本有底了。进而试着主讲并完成几个实验。经过老教师的考核，觉得你可以了，才放马独行。就这样一遍一遍，不断熟练、逐步提升，工作也更加得心应手。后来，在陕西师范大学攻读硕士学位期间，导师王廷正教授对我说：你是动物学老师，就给本科生带实验课吧。所以，无意间竟成了陕西师范大学的学生兼老师。

　　在动物学实验课程教学实践过程中，我也迈开了自己的科学研究之跬步。记得那次我把一条鱼放在清水里煮，出锅时一副基本完整的骨架呈现在眼前。我突然想，可否就此作一篇有关鱼类骨骼研究的文章？因为此前我看过一些类似的文献。随后，咨询了鱼类形态学研究专家李仲辉教授，李老师甚以为然。接下来，就着手制作骨骼标本、绘图、描述、撰写论文，反复润色、修改，忙得不亦乐乎！历时数月，方告完成。平生的第一篇学术论文《乌鳢 *Ophiocephalus argus* Cantor 骨骼系统的研究》变成了铅字［河南师范大学学报，1989，（3）:53-63］。令人惋惜的是，李老师已于2013年3月驾鹤西游。此情成追忆，我心长系之！

　　机缘际遇，我来到郑州大学，投身初创的生物学学科，继续从事动物学相关的教学与科研工作。不过，课程名称从熟悉的动物学变成了似曾相识的动物生物学。我一肩挑起动物生物学、动物生物学实验、动物生物学野外实习的教学任务。经过及时调整教学方案、重新备课，我很快融入了新的角色，自忖堪当此任矣。经过努力，动物生物学于2008年被评为校级精品课程，聊感欣慰。在我看来，动物学实验与动物生物学实验并无本质之区别。要说区别，当在于后者的教学时数大为减少。因此，实验课程教学中的实验设置与内容安排颇费周章，既要体现动物生物学实验课程的特点和动物由简单到复杂、由低等到高等的进化主线与趋势，又要满足新的人才培养计划对课程的要求。经过不断的筛、选、增、删，最终构建起相对稳定、切合实际的动物生物学系列实验。

　　无论这门课被称为动物学实验还是动物生物学实验，我始终认为，它都是生物学领域的一门极其重要并具有自身特色的基础课。这门课程的特点恰在于其基础性，以及在培养学生对动物及其材料观察、解剖、描述的基本能力,培养学生敬畏生命、珍惜实验动物、维护动物福利的意识等方面的不可替代性。遍观生物学领域的既有研究,不知有多少课题不与动物的分子、细胞、组织、器官、个体、种群发生联系,诸如发育生物学、神经生物学、细胞生物学、生理学、遗传学、生物化学与分子生物学、免疫学、生物医学、生态学、植物保护等,概莫能外。然而,不无遗憾的是,在举世浮躁、急功近利的大背景下,许多人推崇快餐式的教学模式,一些涉世未深的学生也思想迷茫,不愿静下心来,仔细、认真地完成每一堂实验课。还有些人热衷于一些华而不实、文不对题的所谓改革,实际上却并不清楚要改什么、怎么改。岂不令人费解? 窃以为,这些都是不正常的现象,是脱离课程特点的舍本逐末之举。长此以往,恐有误人子弟之虞! 教不严,师之惰。过莫大焉! 但愿这种状况终有所变。

For many problems there is an animal on which it can be most conveniently studied(Hans A. Krebs, 1975)。这段话就是生物学研究领域著名的奥古斯特·克劳格原理(The August Krogh Principle),算是牛人牛语吧。Krogh 和 Krebs 因为各自重要的科学贡献,分别获得了 1920 年和 1953 年的诺贝尔生理学和医学奖。不惜笔墨抄录原文于此,并非要炫耀我懂些英文,实在是担心我词不达意的翻译会误导各位看官的理解。我想说的是,既然众多的科学问题都可以也需要借助动物来探索和研究,那么,动物生物学实验作为基础之基础,难道不应该大力扶持、不断加强吗?

一个念头萦绕脑际久矣:编写一套包括理论课、实验课和野外实习在内的动物生物学系列教材,把 30 多年来教学与科研过程中的所积、所思、所想、所愿以文字的形式呈献给大家,供使用、供参阅、供批评。

这本动物生物学实验权作第一份简餐吧,以飨读者。

老牛亦知时光贵,不待扬鞭自奋蹄。

是为后记。

于郑州,在河之南

2017 年 10 月